无人机系统研究与应用丛书

无人机飞行防相撞技术

UAV Flight Collision Avoidance Technology

陈金良 主编

西北工業大學出版社
西 安

【内容简介】 本书从技术防角度出发，全面细致地阐述了无人机飞行防相撞技术涉及的空管动态控制技术、感知与避让技术、空管态势信息融合显示技术以及无人机防相撞飞行管理技术，以期为无人机飞行防相撞管控和无人机防相撞设备的研发提供有益的参考与指导。

本书涉及的技术内容相对专业，可作为无人机领域从事飞行管控、教学、研究和无人机防相撞设备制造、使用的各类人员的参考用书，也可作为高等院校相关专业研究生教学用书和学习参考用书。

图书在版编目(CIP)数据

无人机飞行防相撞技术/陈金良主编．—西安：西北工业大学出版社，2018.5(2020.1 重印)
国之重器出版工程
ISBN 978-7-5612-5991-7

Ⅰ.①无… Ⅱ.①陈… Ⅲ.①无人驾驶飞机—飞行管理—研究 Ⅳ.①V279

中国版本图书馆 CIP 数据核字(2018)第 094302 号

WURENJI FEIXING FANGXIANGZHUANG JISHU

策划编辑：肖亚辉
责任编辑：张　友

出　　版：西北工业大学出版社
通信地址：西安市友谊西路 127 号　　邮编：710072
电　　话：(029)88493844　88491757
网　　址：www.nwpup.com
印 刷 者：兴平市博闻印务有限公司
开　　本：710 mm×1 000 mm　　1/16
印　　张：8
字　　数：138 千字
版　　次：2018 年 5 月第 1 版　　2020 年 1 月第 3 次印刷
定　　价：48.00 元

前　言

随着无人机技术的发展，无人机在各个领域的应用愈加广泛，无人机的数量也在不断上升，甚至可以毫不夸张地说，无人机是未来空域的主要使用者之一。美国国防科学研究委员会、国会公共服务研究中心指出："无人机潜在的能力和灵活性证明：更多的现有有人机执行的任务可以转向无人机平台，并且无人机和有人机可以共同飞行。"但同时，无人机的大量飞行给空域运行带来巨大的安全隐患。无人机的空域运行安全问题主要包括空中相撞和地面撞击，其中无人机与有人机之间的空中相撞是首要关注问题。目前，为保障飞行安全，各国将无人机限制在特定的空域内，与有人机分开、隔离运行，但在有限的空域资源下，隔离运行方式将难以满足无人机日益增长的应用需求。可以断言，无人机进入混合空域飞行是无人机发展的必然趋势，而无人机防相撞问题是制约无人机飞出隔离空域的主要因素。近年来，关于无人机防相撞的研究较多，欧美等航空发达国家提出了无人机空域整合计划，从标准、规章、运行等方面开展广泛的研究，以期推进无人机防相撞研究的进程。然而，无人机防相撞问题的有效解决，不能仅依靠法规标准的制定与颁布以及规章制度的运行与落实，还必须采取必要的技术手段，采用制度防与技术防相结合的综合施治措施，才能确保无人机发展中不被防相撞问题所羁绊。

本书旨在从技术防角度出发，力求全面细致地阐述无人机防相撞技术涉及的空管动态控制技术、感知与避让技术、空管态势信息融合显示技术以及无人机防相撞飞行管理技术，以期为无人机防相撞设备的研发提供有益的参考与指导。本书内容的组织与编选力图体现系统性、理论性、前瞻性与指导性。全书共分为五章。第1章绪论，主要分析无人机防相撞需求，归纳无人机防相撞基础，介绍无人机防相撞发展；第 2 章无人机飞行间隔保持与控制，从动态控制的角度介绍无人机防相撞中无人机飞行间隔的保持与控制，重点描述无人机飞行间隔标准，介绍无人机飞行间隔保持的方法、偏差纠正和自主保持安全间隔的关键技术以及无人机飞行间隔调整的方法等；第 3 章无人机感知与避让技术，主要描述空中态势感知、飞行冲突预测和飞行冲突解脱的方法；第 4 章空管态势信息融合显示技术，主要介绍数据融合理论、空管态势信息融合显示的实现手段、空管态势信息融合方法；第 5 章无人机防相撞飞行管理技术，主要从无人机法规标准、监管机制、飞行空域、人员管理和管控技术方面梳理当前无人机飞行管理环境，在借鉴国外无人机空域管理、分类监管和无人机适航标准与资格认证制度等飞行管理经验的基础上，提出基于我国当前环境的无人机飞行管理对策建议。

本书由陈金良主编，姚登凯、周志华、梁晓龙、赵顾颢、杨源、高文明、李双峰、李寰宇、张学军、黄茹参与编写，最后由陈金良统稿。其中第 1 章由陈金良、黄茹、李双峰编写，第 2 章由姚登凯、周志华编写，第 3 章由梁晓龙、杨源编写，第 4 章由赵顾颢、李寰宇编写，第 5 章由陈金良、张学军、高文明编写。本书的出版，得到了北航（四川）西部国际创新港科技有限公司的热切关怀和大力资助，得到了基于有人/无人机共域飞行的无人机自动避让技术研究军内科研项目参研人员的热情帮助，无人机研究专家、西北工业大学出版社肖亚辉社长参与了编写内容的策划，在此表示谢意。

在编写本书的过程中，曾参考了大量相关文献，在此谨向其作者表示由衷的感谢。

锢于水平，书中错误和不当之处在所难免，敬请专家、同行和读者批评指正。

编　者

2018 年 3 月

目 录

第1章
绪　论

|1.1 无人机飞行防相撞需求|

无人机的问世，无疑是现代航空领域的一次巨大变革。近年来美国在海外战争中多次成功地使用无人机执行侦察和空中打击任务，让世界各国意识到在未来战争中无人机将会扮演越来越重要的角色。众所周知，现代无人机的发展已经向多用途、多平台的方向发展，这就意味着无人机不但要充当任务执行的角色，而且未来会成为众多作战平台之间的纽带。随着对无人机作战能力要求越来越高，无人机的任务越来越繁重复杂，无人机逐步向数字化、信息化、智能化方向发展。因此，要求无人机具备各种规划和避让能力，其中无人机防相撞作为重要方面还需进一步深入研究。无人机与有人机共空域执行任务已成为无人机发展的重要趋势，伴随着无人机的广泛应用，其频频出现撞损坠毁等安全事故，特别是在飞行器密度较高和不确定环境中，无人机与无人机，无人机与有人机共空域飞行所面临的碰撞冲突已成为影响无人机发展的突出问题。因此，迫切需要研究改善无人机飞行防相撞技术。

1.1.1 当前无人机飞行防相撞特点

目前普遍应用的无人机隔离运行方式属于程序防撞策略，该策略局限性大，无法应对偏离预定飞行计划、突然闯入隔离空域的飞机。因此，无人机飞行防相撞具有一定特点，主要体现在下述几方面：

1)无人机与操控员“人机分离”,缺少飞行员执行“看见避让”以及来自航空交通管制(ATC)服务、空中防撞系统(TCAS)的避让建议。

2)大多数能够与民用航线飞机同高度飞行的无人机的爬升/下降性能难以达到 TCAS 运行要求,无法执行 TCAS 预定型垂直避让建议。

3)目前无人机主要由操控员通过链路远程遥控实施防撞,严重依赖通信链路的保障,难以应对链路丢失的应急情况。由此可见,无人机缺失“看见避让”、ATC 服务和 TCAS 层级的防撞策略。

综上所述,无人机飞行防相撞目前主要是以感知避让技术来实现的,但是限于当前感知避让技术的水平,无人机无法做到像有人机那样大范围、大规模地飞行。而为满足无人机防相撞的需求,就必须根据无人机防相撞的特点,研制出合理科学的感知避让技术。

1.1.2 无人机飞行防相撞应用需求

无人机技术的快速发展,使得无人机与有人机共域飞行势在必行,但鉴于无人机的飞行特点,在研究无人机防相撞时,要考虑到它在实际应用中的需求,尤其是在起降、航路和空域三个不同阶段的应用需求。

1. 起降阶段的应用需求

无人机根据其性能和执行的任务不同,其放飞和回收的方法也不同。放飞的方法主要有地面滑行起飞、车载弹射、母机投放和手抛发射,回收的方法主要有自主降落、伞降回收、撞网回收和一次性飞行。对于起降阶段的防相撞,主要是依据不同的起降方式、无人机机载设备性能和起降机场天气情况,合理安排起降时间间隔、起降航向。

在起降阶段,无人机的性能和机载设备是无人机防相撞的主要影响因素。和有人机相比,无人机对于周围环境的感知完全依靠传感器,操作人员通过无人机上反馈的信息来完成对无人机的控制,这本身就存在一定的风险,一旦信息有误或传输过程出现问题,无人机就有可能出现错误的飞行,发生相撞或影响其他航空器飞行。为防止此类问题的出现,无人机必须具有防相撞技术,能够及时感知周围情况,自主避让和调整飞行状态。

起降机场一般都是飞行任务和流量特别大的区域,尤其在那些有人机和无人机共用一个机场的地区,或是东南沿海发达地区,飞行环境复杂,空域资源紧张,加上天气恶劣多变,大大增加了无人机的相撞风险。例如,2015 年 3 月 22 日,美国一架可搭载 50 人的客机在佛罗里达州机场附近差点与一架无人机相

撞，当时距离机场只有 8 km，高度约 700 m，幸无酿灾；2015 年 8 月 3 日，中新网报道，美国纽约肯尼迪国际机场两架客机降落时，险与无人机相撞。以上的例子无不在说明起降阶段，无人机防相撞的重要性，而且据美国五角大楼数据统计，美国 2001 到 2011 年中发生的无人机相撞事件中有 75％是由人为原因造成的。因此，无人机飞行防相撞的关键在于提高无人机防相撞的技术，克服由于人为操作失误所带来的危险。

2. 航路阶段的应用需求

在航路飞行阶段，无人机与有人机相比，有人机时刻强调人的作用，飞行控制系统的作用是保证如何发挥人的主观能动性，其控制是有权限的，因此其作用范畴为保证驾驶人员方便、灵活、有效地操纵飞机。现代无人机的整个飞行过程都要靠飞行控制系统来进行有效管理与控制，飞行控制系统的作用范畴覆盖了有人机飞行控制系统的所有功能，在无人机的整个工作过程中，其执行控制系统都参与无人机的控制，因此其作用范畴远远大于有人机控制系统。为此，无人机防相撞技术是保证无人机安全飞行的关键所在。

目前无人机的飞行控制技术主要包括预编程序控制技术、指令遥测遥控技术和复合控制技术三大类。其中复合控制技术是将前两种技术融合在一起的控制技术，并随着信息技术的发展，逐渐发展为更加先进的智能自动控制技术。但是，由于航路环境复杂，天气多变，以及空中流量巨大，在各个航路的交叉点附近，无人机与有人机，无人机与无人机的飞行冲突十分突出，而无人机操作员无法直接观察无人机航路周围的飞行情况，在操作平台上又无法直接显示其他航空器的飞行情况，尤其是在一些临时飞行计划或者是个别无人机黑飞（擅自飞行）等特殊情况下，无人机的防相撞主要依靠无人机的自主防相撞技术。就算一般情况下，也需要无人机以及无人机上的各种设备和操纵人员高度协调一致，相互配合来达到防相撞的目的。从这个层面上来说，其技术复杂程度要高于有人驾驶飞机，容易出现可靠性问题。在技术上，因为没有飞行员，机载系统复杂，给无人机的飞行带来不便。当飞行中出现故障时，无人机本身不能排除和做出瞬间调整，通常要带着故障返回基地，易发生摔机、相撞等事故。此外，飞机与操纵人员之间的交互作用、协调和变化的程序要比有人驾驶飞机复杂得多。一方面要求机载设备的智能化程度高，要有安全可靠的数据链，另一方面对操纵人员的素质要求也很高，操纵人员不仅要监控飞机的飞行状态，适时改变航向，更重要的是，必须在关键时刻从控制中心发送动作指令，使无人机能够实时快速地反应。总之，如果没有成熟的无人机飞行防相撞技术，无人机是无法实现航路飞行的。

3. 空域阶段的应用需求

无人机在固定空域内飞行，由于无人机多变的飞行轨迹，因而其飞行剖面的变化也呈现多样性，这必然对其他航空器的飞行和安全产生很大影响；同时也必须按照无人机空域最高高度，调整与有人机飞行的垂直间隔（此间隔应该大于现行规定的高度间隔），并确定进出空域的方法、高度和水平范围，以防止无人机在固定空域内与其他航空器或障碍物相撞。

各种性能的无人机在固定空域内飞行任务多样、战术运用灵活，飞行监控和管理具有全时域、全高度层的特点。无人机在航时设计上，可以长达几十小时、几百小时，甚至上千小时；飞行高度的设计可以从低空、中空甚至到三万米以上的高度。因此，飞行监控和管理必须是全时域、全高度层。这无疑增加了无人机空管人员的负担，而且长时间的人为监控难免出现一些纰漏，所以当出现人为纰漏时，为保证无人机在固定空域内安全飞行，必须具有成熟的自主防相撞技术，无论在何时都能使无人机自主脱离危险状态。

美国已经发生了一些低空无人机与直升机相撞的事故，而在高空，无人机也发生了与C-130飞机相撞的事故。在美国这样空管水平很高的航空大国，已经发生了这样严重的飞行事故，出现这种情况主要原因就是无人机飞行的技术水平尤其是无人机飞行防相撞技术水平跟不上无人机数量增多的步伐。这不得不引起我们对无人机飞行防相撞技术的重视。未来，空域资源越来越紧缺，无人机和有人机共域飞行已经势在必行，在有人机空域中执行任务的无人机，都必须适应我国空中交通管理系统的要求，满足无人机与有人机之间共享一个空域飞行的必要条件，不能由于无人机的进入而给原来的空域有人机用户带来影响和不安全因素。因此，我们需要无人机加强自主防相撞能力，确保空域中无人机的飞行安全。

1.1.3 无人机飞行防相撞功能需求

无人机飞行防相撞技术是实现无人机蓬勃发展的关键所在，为实现无人机防相撞技术，无人机必须具备以下三点技术功能需求。

1. 感知探测的功能需求

无人机感知探测设备是实现无人机防相撞的前提，越是先进的无人机，就必须装备越先进的感知探测设备，以便无人机在飞行过程中对周边环境进行感知探测。感知探测设备的核心功能就是主动获取视场或一定范围内所有物体直接、精确、全面的状态信息。无人机防相撞的实现就是依靠感知探测设备的信息收集，先进的感知探测设备必须具备探测半径大、视场广、跟踪能力强、可靠性高和虚警率低等特点，同时还可从尺寸、成本、技术成熟度、带宽要求、功率要求和重量等六项成本指标上对其加以评判。因此，为满足无人机飞行防相撞的需求，就必须先满足感知探测功能的需求。

2. 评估决策的功能需求

无人机评估决策技术是在无人机成功感知探测周围环境的情况下，根据感知探测反馈信息，利用设定好的程序算法对无人机周边环境进行安全评估，并利用计算机算出最优飞行轨迹，是进行避让控制的关键。评估决策的核心是评估决策算法，评估决策算法必须具有速度快、复杂度低、容错性好等特点，而对评估决策算法可用冲突数量、碰撞数量、飞机存活率、飞机平均寿命和生成航路点数量 5 项评价指标评判，其中冲突数量、碰撞数量、飞机存活率和飞机平均寿命为有效性指标，生成航路点数量为效率指标。无人机飞行防相撞技术的核心就在于评估决策功能的实现，它类似于无人机自主防相撞的大脑，所以要实现无人机飞行防相撞必须拥有评估决策功能。

3. 避让控制的功能需求

无人机避让控制是无人机飞行防相撞的最后一步，也是完成防相撞的重要环节。在这一步主要是把前面两步所形成的指令付诸机械行为，达到操纵无人机避开障碍物的目的，因此，避让控制必须具有可靠性和快速性。虽然这一步在技术层面来讲是最简单的，但是在实际过程中却是最容易出现故障的地方，如果对正确的指令没有及时响应或者不响应，那么无人机就失去了防相撞的能力。避让控制主要以响应延迟与冗余度指标来评价。为了实现无人机飞行防相撞的目的，避让控制是无人机必须具备的功能，也是无人机飞行防相撞的最低需求。

1.1.4 无人机飞行防相撞主要问题

2010 年世界无人驾驶飞行器市场的总价值超过 55 亿美元。2020 年世界无人驾驶飞行器市场的总价值将达到 710 亿美元。无人机销量增长最快的将是小型无人机、战术无人机、高空无人机以及作战无人机等，民用无人机的销量也将有一定增长。目前全球共拥有军用和民用无人机约 12 万架。据有关专家分析，到 2030 年，无人机的全球飞行量将达到全球飞行时间的 60％以上。可以断言，未来 20～50 年无人机在我国将迅猛发展。目前，我陆海空、火箭、战略支援和武装警察部队都已装备无人机，无人机的日常训练对空域的使用需求越来越高，但是无人机的相撞风险不断增高，造成的损失也不断增大。为此，我国军航和民航都不断加大对无人机防相撞的研究力度，以满足无人机防相撞的需求。但是现在无人机防相撞问题还比较突出，主要是有以下几个问题：

一是无人机空管设备配备不全，防相撞技术水平不足，空管部门不能实时有效地对飞行中的无人机实施监控，不能满足空管防相撞的要求。与有人航空器相比，无人机系统接受空中交通管理时的问题：第一是其性能差异大；第二是管制单位与实施无人机飞行的人员通常难以建立及时有效的通信联系，无法对其进行直接管制；第三是部分无人机体积较小，没有安装应答机等设备，地面航管设备不具备对无人机进行管制的能力，管制单位对其活动很难监视；第四是无人机整体可靠性较低，容易出现不安全事件。这些都导致无人机在现有规则下很难与有人机同空域飞行，而且很容易发生安全事故。

二是无人机管理存在严重的不足，人为因素导致的相撞比例较大。目前，受无人机技术发展水平和地面管制技术所限，航管部门对申报管制的无人机也仅局限于按程序、内容和时限申报飞行计划和起飞前通报，无法实施飞行过程监控或监视。而且无人机的使用单位多，使用人员水平参差不齐，飞行组织的实施机制不健全，无人机生产没有严格统一的标准，使无人机的防相撞工作很难开展。各种无人机的诞生，却没有严格的无人机适航认证，给无人机安全飞行埋下安全隐患，也是无人机防相撞的一大问题。

三是无法提供适用的无人机飞行安全间隔服务。现在的无人机飞行活动主要是在隔离空域中实施的，无人机与无人机、无人机与有人机之间的安全间隔无法科学统一地制定，而实现无人机和有人机共域飞行，防止无人机在空中相撞的根本措施就提供无人机安全间隔服务，其中无人机安全间隔服务主要有人为安全间隔服务和无人机自主安全间隔服务。所以根据现在科学技术水平和管理水平，无人机安全间隔的设定，是无人机防相撞的一个主要问题，能否解决这个问题，对于无人机防相撞有重大的作用。

四是无人机防相撞没有相关明确的政策、法规作保障。现行的中华人民共和国《飞行基本规则》、中国人民解放军《空军飞行条令》《空军航空管制工作条例》等系列法规文件中，均没有针对无人机飞行防相撞的法规条款。缺乏对于无人机相撞后的处置方法和应急预案，不同地区的管理机构管理方式和处理方式存在差异，对于保障整个无人机安全飞行，防止无人机相撞缺少统一的指导思想和行为准则。

1.2　无人机飞行防相撞基础

无人机防相撞工作是无人机管理工作中的重中之重，其防相撞的基础在于无人机飞行管控运行机制以及与之相关的无人机飞行防相撞技术、设备支撑基础。

1.2.1　无人机飞行管控运行机制

无人机飞行管控运行机制主要包括无人机飞行管控机构设置与职能、无人机管控法规制度和技术支持。

1. 无人机管控机构设置

无人机的管控应像有人驾驶航空器一样，既接受航空单位的管理，也接受空管部门和地方相关部门的管理。

1)飞行管理：利用现行空管体制军、民航空管部门和无人机权属单位，根据现行航空法规组织实施。

2)地面管控：利用地方现行公安、工商、税务等部门与无人机业务相关的职能机构，明确并赋予其相关管控职能，实施综合管控，可在公安交警系统增加航空管理地面执法部门。

2. 无人机管控机构职能

1)空管部门(军、民航)：军用无人机作为国家航空器对待，军航空管部门应掌握军民无人机飞行的动态，对无人机的指挥和监控同有人机的空域飞行职责，及时通报与民航飞行有关的无人机飞行动态。国家民用航空主管部门负责对民用无人机飞行进行监控，配合军队有关部门实施空中监管和空中不明情况的应急查证处置；军队有关部门负责组织空中监管，依法实施无人机飞行管制工作，对空中不明情况进行查证处置；公安部门负责对无人机违法违规飞行的处置工作，组织协调重大活动期间无人机地面防范管控工作，配合有关部门依法对无人机飞行实施管理，负责违法违规无人机落地后的秩序维护和现场处置工作，配合对违法违规活动的单位或个人进行查处，负责组织协调重大活动期间无人机的地面防范管控工作。

2)海关部门：负责办理无人机(包括散装组件)进境海关手续，按照进境货物、物品监管要求，加强对进境无人机(包括散装组件)的监管。

3)工商部门：负责对生产销售无人机企业的登记管理，配合公安等部门对未经批准私自生产销售的违法违规行为进行查处，配合有关部门对无人机违法违规飞行进行查处。

4)安全监管部门：负责协调影响无人机安全的重大事项；支持配合公安、体育、民航、气象等部门督促从事无人机生产经营的单位做好日常安全管理和安全教育培训等工作；依据有关规定参加无人机事故的调查处理；参与对无人机违法违规飞行的查处。

5)民航部门：负责对引进进口无人机进行管理，并依法对无人机及零部件设计、生产、维修和飞行进行监管，对无人机和从事无人机活动的企业、个人等进行许可、登记管理；配合军队实施空中监管和空中不明情况的应急查证处置，负责对无人机违法违规活动进行地面查处。

3. 无人机管控法规制度

要实现无人机像有人驾驶航空器一样在国家公共空域内飞行，必须建立健全适用于无人机飞行的航空管制法规和程序。欧洲航行安全组织 2007 年 12 月的报告提出无人机的空中管制要满足三个基本原则：一是无人机的飞行活动不能危及空域中其他飞行器的安全；二是飞行管制的程序应当比照有人驾驶航空器的做法，且基本一致；三是无人机提供的空中交通管制服务对管制员来说应当是透明的(管制员无须与无人机飞行员(操控员)始终保持地面通信联络)。

为了规范无人机的飞行活动，保证无人机飞行空域的航空安全与空防安全，应建立适用于无人机飞行的航空管制法规。可借鉴国外的成熟做法，参照有人机的航空法规和适航法规，考虑无人机的飞行特点，制定出与我国无人机发展相适应的下列三类航空管制法规：

(1)无人机组织与实施飞行的管控法规

《无人机飞行管理条例》：提出无人机系统适航要求，确定无人机管理机构与职能，规范无人机飞行的申请、批复、组织与实施，明确无人机违法飞行法律责任与处理办法。

《无人机飞行安全间隔标准》：根据无人机的飞行特点，研究确定无人机之间和无人机与有人机之间的的安全飞行间隔标准，为空中避撞处理提供依据。

《无人机飞行规则》：确定无人机组织与实施飞行基本原则，明确无人机飞行中相关情况的处理规则。

《战时无人机飞行管理规定》：主要应明确空战场无人机飞行管理机构、职能和任务；确定空战场无人机飞行组织实施程序、方法和要求；提出战时无人机组

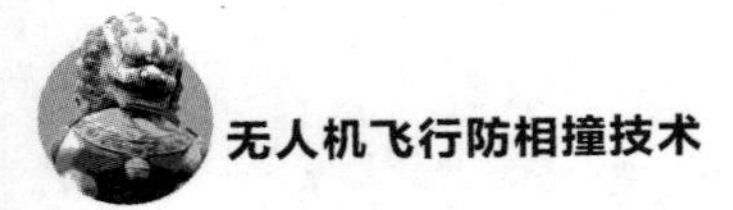

织实施飞行中相关单位的协调机制。

(2)无人机系统适航法规

《无人机适航标准》:适用于各类无人机飞行的适航标准,基于空管实践的适航要求。

《无人机分类标准》:基于我国空管实践的无人机分类标准。

《无人机设计标准》:为无人机及关键零部件型号设定标准。

(3)无人机运行认证法规

《无人机飞行相关人员资质认证制度》:对无人机飞行操控员、指挥员、设计人员的资格进行许可确认,明确规定没有资格的人员不能参与无人机运行。

《无人机生产厂家资质认证制度》。

《无人机研发生产型号认证制度》。

4. 无人机管控技术支持

(1)装备航管应答设备

无人机空中管制首先要保证地面空中管制机构能及时准确地掌握无人机的位置,为此,应在无人机上装备敌我识别系统、二次雷达应答系统、防相撞系统等有关航管设备。

(2)疏通指挥管制通道

采取多种方式,建立管制员与无人机控制人员之间畅通的工作联系,保证管制人员能及时、有效并顺畅地管控无人机飞行。英国民航局公布的无人机空域使用指导中建议无人机报告自身信息时要在前面加上无人的标志,以使管制人员清楚这是一架无人机。这一做法具有很好的借鉴意义。

(3)发展"感知-避让"能力

对于有人驾驶飞机,机上装有 TCAS。无人机上没有飞行员,大多数时候自主飞行,特殊情况下由地面控制人员进行控制。因此,不能依靠 TCAS 来防止无人机的空中相撞。无人机需要的是自主的感知与规避能力。

无人机的感知-避让是指无人机具有能够避免碰撞和绕过障碍物飞行的能力。美国联邦航空局(FAA)提出,"目前与无人机不受限制地进入全国空域生死攸关的技术尚没有成熟",而亟待实现的最重要的技术缺陷就是"感知与规避"。无人机的感知-避让系统可使用机载光电/红外照相机、雷达或激光雷达等传感器探测正在逼近的各种飞行器和其他障碍物,并通过飞行控制系统强制无人机进行合理的规避动作,以确保空中碰撞事件不会发生。

无人机自主感知-避让的关键技术包括高分辨率高灵敏度的探测传感器技术、快速的自动检测与识别技术、自主的规避控制技术等。在无人机感知-避让系统中，传感器起着举足轻重的作用，它是整个感知-避让系统的基础。自动检测和识别是将障碍物视频图像序列中的感兴趣部分检测出来，并识别出障碍物，完成相应的决策，从而为规避障碍物进行必要的准备。自主规避控制技术涉及无人机的航路规划、飞行决策等方面，是一个传感器数据融合与分析、智能信息处理、计算机和图像处理、人工智能、最优控制、运筹学、博弈论等多学科综合问题。

随着无人机的不断发展和各项关键技术的不断完善，无人机的感知-避让技术正在从理论和实验室走向实际应用。美国空军表示，由其空军研究机构最新研制的“机载感知规避”(ABASSA)系统将首先装备于 RQ-4“全球鹰”无人机，未来该系统将可扩展到各种类型无人机。

今后，随着集成电路、纳米技术、微机电和传感器制造水平的不断进步，纳米机电系统和纳米光电系统将有可能与探测技术有机结合，提供更高效的障碍物探测技术。多运动目标的识别技术也将会为无人机感知-避让技术提供更好的特征提取、分类和识别方法，促进无人机感知-避让技术朝着更为成熟和实用的方向发展。

1.2.2 无人机飞行防相撞技术支撑

无人机飞行防相撞技术主要由感知探测、评估决策和避让控制技术三大模块构成。

1. 感知探测技术

无人机感知探测技术主要由传感器与多传感器融合技术组成。无人机感知探测技术目前存在多种不同的解决方案，根据感知探测方式可以分为合作型和非合作型两大类。

应答机、TCAS 以及 ADS-B 能够获取目标飞机(装载同类设备的飞机)直接、精确、全面的状态信息，属于合作型感知探测设备，必须依靠通信链路且探测目标受限。其中，ADS-B 具有信息全面、更新快、精准度高等优势，能够实现与 ATC 服务和地面操控员的交互，有助于无人机更为灵活可靠地实施感知避让。

雷达、视觉、EO/IR(光电/红外)等非合作型传感器能够感知探测视场范围内的所有物体，包括装备应答机、TCAS 或 ADS-B 设备的飞机以及地势、鸟类等非合作型目标。雷达和 EO/IR 的探测视场有限，探测性能受到无人机姿态影响而存在盲区，如在坡度转弯时视场将随着侧倾角在水平面上转动，从而导致很多入侵机无法被探测。

为了保障对入侵机及时、稳定的航迹预测，有效应对两机高速接近的冲突情景，雷达作为一项成熟的飞机防撞技术，其探测范围、扫描角速度、更新率和信号质量等均需要进一步改进提高。照相机、摄像机这类视觉传感器成本、尺寸、重量和功率要求相对较低，适用于小型无人机。

TCAS 由于方位测量精度差，发布的解脱咨询局限于垂直方向（爬升或下降）；EO/IR 可以提供高精度方位角和高度角的测量，与 TCAS 互补组合运用可以实现更为灵活的防撞避让。在满足尺寸、重量等硬性要求的前提下，应用传感器融合技术，组合使用不同类型传感器能够改善无人机感知探测能力，提升防撞系统的冗余度，是未来的发展趋势，而多传感器的数据融合是其面临的主要问题。

2. 评估决策技术

防撞算法是无人机评估决策技术的关键功能模块，众多学者研究并提出了不同的无人机防撞算法，归纳起来主要分为两种：一种是采用几何算法，通过分析无人机和入侵机在几何空间的相对运动关系，按照冲突探测与解脱实施被动式防撞；另一种是转化为最小安全间隔约束条件下的航迹规划问题，采用航迹规划算法，根据感知探测的入侵机状态信息主动规划从当前位置到目标位置的无碰撞安全航迹。

几何算法是解决防撞问题最直观的方法，最小接近点法（Point of Closest Approach，PCA）和碰撞锥方法（Collision Cone Approach，CCA）是其应用的典型代表。

PCA 根据无人机与入侵机的当前状态信息计算到达最小接近点的时间 τ 和错开距离矢量 $\boldsymbol{r}_{\mathrm{m}}$，当 $\|\boldsymbol{r}_{\mathrm{m}}\| \leqslant R$（最小安全间隔）且 $\tau > 0$ 时，启动冲突避让。

CCA 最初是针对不规则外形的平面运动机器人提出的，后来扩展应用到三维动态环境中的飞机防撞上。CCA 的基本原理是以入侵机为中心设置一个无人机必须避让的球体保护区，由无人机到球体的切线构成碰撞锥，调整无人机相对速度与球相切求解最优避让机动。

目前，针对无人机防撞应用的航迹规划算法主要有势场、线性规划、离散化空域和随机理论等方法。势场方法利用物理学中吸引和排斥的法则，将无人机的目标航路点视为引力，将入侵机视为斥力，无人机在合力作用下飞行。该方法规划速度快，根据无人机与目标航路点的距离设置优先级，可进一步提高计算效率；应用关键是权衡处理吸引和排斥的关系，促使无人机在保障与入侵机必要安全间隔的同时快速到达目标位置。

在现有的计算水平和无人机防撞应用的动态环境中，大多数航迹规划算法的计算量十分庞大，通常有必要进行实时性改进。混合整数线性规划从全局角度为多架合作型飞机规划无碰撞航迹，但随着飞机数量的增加，计算量将呈指数上升；通常采用滚动时域控制在一个有限的时间步长范围内分段求解局部次优航迹。A^* 搜索建立在离散化空域的基础上，计算复杂性随着空域增大而显著增加；动态稀疏 A^* 搜索是一种改进的实时算法，根据无人机自身性能和飞行任务缩减搜索空间并随每段时间步长动态创建带时间维度的成本网格。马尔可夫决策过程将无人机防撞问题转化为对一个随机系统的最优控制，在给定飞机动力学模型、传感器性能和入侵机行为模型的基础上求解最小化航迹偏离的无碰撞航迹；该方法需要离散飞机相遇模型，离散状态量随状态变量呈指数增加，现有的求解器还不足以求解三维问题，目前主要通过分离水平和垂直方向的动态来降低计算复杂性；对于非合作型传感器探测信息不确定且视场受限的情况，可以采用部分可观马尔可夫决策过程。

3. 避让控制技术

避让控制技术主要依赖于无人机通信链路、飞行控制系统实现无人机飞行中的自主避让与驾驶员指令避让。

通信链路系统是无人机系统的重要组成部分之一，主要负责无人机的遥测、遥控与信息传输部分。测控系统相当于把有人机的驾驶舱放到了测控站中，无人机的驾驶员通过下行链路接收来自无人机各种传感器给出的无人机飞行状态信息、机载设备状态的检测信息，以及接收与处理从任务载荷设备获取的各种任务信息，从而借助这些数据，通过上行链路对无人机的飞行和任务载荷设备的工作实现必要的控制，完成各种任务。在不能完全依赖机上的导航定位数据的情况下，还可以通过测控系统对无人机进行相关角度和斜距的测量来确定无人机同测控站的相对位置，再结合测控站本身的位置来实现对无人机的跟踪定位。当无人机处于测控站的视距范围外时，需要使用中继系统。依据情况不同可以选地面中继系统、空中中继系统和卫星中继系统三种方案中的一种为其服务。

无人机的控制系统包括飞行平台控制系统和地面指挥控制站，是一种“人在回路”的大闭环控制结构。典型的平台飞行控制系统一般包括 3 个负反馈控制回路，即舵回路、稳定回路和控制(制导)回路。舵回路是为了改善舵机性能以满足飞行控制的要求，将舵机的输出信号反馈到输入端形成保证舵机控制性能的负反馈控制回路。舵回路一般包括舵机、反馈部件和放大器。稳定回路由自动驾驶仪和被控对象(无人机)构成，主要起稳定和控制无人机姿态的作用。由于该回路包含了无人机，而无人机的动态特性又随着飞行条件(如高度、速度等)而变化，所以，为了保证在各种飞行状态下都具有较好的性能，有时其控制律参数设置成可以随飞行条件变化的调参增益。由稳定回路和无人机重心位置测量部件以及描述无人机空间位置几何关系的运动学环节构成了控制回路，主要起稳定和控制无人机运动轨迹的作用。控制回路是在无人机的角运动稳定与控制回路的基础上构成的，无人机的重心运动是通过控制无人机的角运动实现的，这种通过姿态的变化来控制飞行轨迹的方式是目前大多数航空飞行器控制飞行轨迹的主要方式。

1.3 无人机飞行防相撞发展

未来无人机防相撞发展应主要侧重于对监视系统、导航系统和避让算法的进一步研究上。

1.3.1 无人机监视系统

无论是无人机自主避撞还是地面驾驶员指令避撞，获得实时的无人机四维信息与无人机周边的环境信息是必要的前提。而仅仅依靠无人机自身的传感器与地面雷达很难获取完整的环境信息，这是决定未来无人机监视系统发展方向的主要因素。

1. 系统原理构想

未来无人机监视系统，把来自机载设备的无人机飞行信息数据通过地空数据链自动传送到地面交通管制部门，与其他传感器信息融合在一起，区域中所有无人机飞行信息及所有飞行器的位置关系都将清晰地呈现在管制员面前，为无人机飞行防相撞提供坚强保障。无人机位置信息来自机载导航和定位系统，如惯性导航系统、北斗卫星定位系统及 GPS 卫星定位系统等。数据传输通过数据链实现，其中至少包括识别标志和四维位置信息，还能提供附加数据，如飞行趋向、飞行速度、气象等信息。

2. 多传感器融合处理

由于甚高频地空数据网并未实现全球覆盖，因而飞机在甚高频覆盖范围以外，地面监控系统无法判断飞机的位置。此外，飞机位置数据在传送的各个环节中不可避免地会加入误差和干扰，引起信息丢失和错误。因此，信息处理上需对错误数据进行修正，对丢失数据进行预测、插补。信息处理的目的是精确、及时、连续掌握飞机的飞行动态，其主要内容有位置信息的提取、数据处理及其算法，最终形成好的航迹。

将分布式多传感器的数据进行融合处理可以获得目标多层次、多角度的信息，如飞机的航迹估计、飞行趋势推理、飞行冲突检测。通过对多传感器信息的融合，可以最大地发挥多传感器的优点和充分利用所能得到的信息，弥补单一传感器的不足，提高系统性能，即使在有数据丢失或个别子系统出故障时，也不影响其监视、跟踪能力。主要发展方向是融合雷达数据，实现可靠的全覆盖与无间断的监视，并且在高密度终端区提供必要的监视精度。

1.3.2 无人机导航系统

未来天空中的无人机密度将会越来越大，防相撞工作将面临更大的压力，需要更高精度的导航系统；无人机与有人机同一空域飞行，是未来无人机的发展趋势，在这种情形下无人机与有人机使用同一导航系统是最好的选择；无人机已有能力进行全空域、全高度飞行，传统的导航系统已无法满足无人机的飞行导航需求。基于此，具有精度高、覆盖域广等优点的卫星导航系统注定成为未来无人机导航系统的主体部分。

1. 基本原理

卫星导航系统，即利用人造卫星进行导航，是从通过测定恒星角度确定位置的天文导航发展而来的。但是利用卫星导航技术，既可以向地面发射无线电波，又可以接收地面的无线电信号，实现对地面和空中运载体的距离、角度、速度、时间等参数的测量，从而实现全球定位与导航。卫星导航定位分为 4 个步骤：

1）接收、确定或推算卫星在某坐标体系、某时刻的坐标值；

2）测量运载体和卫星之间的相对距离、方位、速度等；

3）计算运载体在该坐标系中的坐标值，实现定位；

4）定位结果的输出、显示或利用。

卫星导航系统主要由空间部分、地面监控部分和用户部分组成。

2. 典型导航系统

卫星导航系统因其具有高精度和全天候的特点而颇受瞩目，各航天大国争先发展卫星导航技术。典型的卫星导航系统主要有美国的 GPS 卫星导航系统、俄罗斯的 GLONASS 系统、欧洲的“伽利略”系统及我国的“北斗”卫星导航系统。

GPS 全称为导航星授时和测距全球定位系统，由空中卫星网、地面支持网和用户设备三大部分组成，已实现了全球、全天候、连续、实时、高精度的导航定位；GLONASS 总的定位精度比 GPS 低一些，而且由于在轨卫星数量不足，部分卫星还有故障，目前还未达到完全正常运行的应用水平；"伽利略"系统正在研制之中，独立于 GPS，设计精度要高于 GPS，且更利于民用；"北斗"卫星导航系统是一个实用性强、功能多、投资少、覆盖区域大的中心节点卫星导航系统，目前仍在研制中。

3. 导航系统缺点

当前的卫星导航与已成熟的传统空中导航相比有一些缺点：

1）系统完好性不足；

2）系统的可用性和服务的连续性不佳；

3）系统的实时性难以保证；

4）缺乏国际统一管理和统一标准。

随着人类科学技术的发展，卫星导航技术的不足之处都会得到完美的解决，人类离无人机与有人机共域飞行的愿望会更进一步。

1.3.3 无人机避让算法

长期以来，无人机的自主飞行都是无人机系统技术的研究热点，其自主飞行的一个核心技术是飞行防撞技术，即在飞行过程中根据障碍信息调整航迹，做出规避动作的技术。目前，传统进行无人机避障规划的算法包括梯度法、样条插值法、非线性规划法、最优控制法、A^* 算法、神经网络法、模拟退火法、遗传算法、蚁群算法、动态规划算法等，但上述方法把无人机当做质点，未考虑其自身飞行性能以及由于最小转弯半径对于避障模型建立带来的影响，未来无人机避让算法可以更加接近真正的飞行过程。例如最近英国 Cranf field 大学的 Shanmugavel 等采用 Dubins 曲线方法实现了多无人机协同航路的规划，用欧几里得和微分几何的方法计算 Dubins 路径，但并未对于该路径在障碍情况下的获取进行研究。Florida 大学的 Joseph J. Kehoe 采用微分方程的方法获得了离散的 Dubins 路径，并采用随机搜索树算法对无人机避障问题进行了研究，但是其获得的是一系列的路点而不是连续的 Dubins 路径。

在未来的应用中，无人机避让算法在多机、非协作、三维环境下的实时防撞性能方面将会有更进一步的改进。随着计算机技术的快速发展，计算机的运算能力不断提高，未来的无人机避让算法主要考虑各种复杂环境因素。因此，避让

算法追求的是更加高效智能，收敛性更快，结构更加优化，使无人机在避让障碍物时更加精确平滑，而且基础编程语言的不断改进、新的编程语言的出现也将促使未来无人机避让算法向简便化与高效化方向发展。避让算法的不断改善，使无人机飞行防相撞技术稳定性和可靠性不断提高，大大地增加了无人机飞行的安全性，为无人机在各个领域中广泛运用奠定了技术基础，也为无人机的发展提供了最有利的安全支撑。

第2章
无人机飞行间隔保持与控制

|2.1 无人机飞行间隔标准|

安全间隔是指在同一个空域内，飞行中的航空器之间能够相互保持安全状态的最小距离。航空器在三维空间运动，其安全间隔标准是指为了避免航空器之间相撞，规定当航空器之间在其他两个方向上的距离小于规定数值时，在另外一个方向上必须保持的最小间隔。

国际上通用的有人驾驶航空器安全间隔标准，是由国际民航组织依据航空器的测距系统误差、飞行技术误差、天气和保障设施条件等因素，使用相应的数学模型，经过反复调研、计算和验证后确定的。我国在参考国际通用做法的基础上，结合本国国情和军民航飞行活动实际制定了当前的飞行间隔标准。研究无人机安全间隔也应当充分吸纳国际上的研究成果，从我国无人机系统发展现状和空管运行实际出发，科学分析，合理确定，在保持空中各类活动安全顺畅的前提下，促进无人机系统应用可持续发展。

当前发展阶段，无人机感知-避让技术还不够成熟，空地信息链路受制因素多，空中飞行安全可靠性还不够，尚不能完全满足按照空管运行规则遂行飞行活动，因此当前的通行做法是将无人机活动控制在隔离空域内实施。作为国家航空器的用于军事用途的无人机经有关军事机关批准后，或其他无人机取得适航豁免并经空管部门许可的情况下，可以进入非隔离空域与有人驾驶航空器共享公共空域。鉴于此，从无人机活动现实需要出发，应当区分隔离与非隔离空域运行，分别确定其安全间隔标准。

2.1.1　无人机隔离空域飞行的安全间隔标准

无人机在隔离空域飞行，不与其他航空器活动产生影响，应重点从静态控制层面，本着远离地面重要设施、军事目标、人员居住密集区的要求规划无人机空域和飞行航线，并与有人驾驶航空器空域、航线保持规定的间隔。这种规定的间隔应当不小于有人驾驶航空器空域、航线之间的安全间隔，即无人机航线与有人驾驶航空器空域之间的距离通常不小于 10 km，与有人驾驶航空器飞行航线之间的距离不小于 20 km，无人机空域边界与有人驾驶航空器航线之间的距离不小于 10 km，与有人驾驶航空器飞行空域边界之间的距离不小于 20 km。

无人机在隔离空域内飞行时，飞行安全由其管理单位和操控人员自负，地面操作控制人员在申请的飞行高度和区域范围内，可灵活选择使用高度以执行与其性能特点相吻合的任务，相关空管部门不干预其对飞行高度基准面的选择，不强制规定其航线和空域飞行最低安全高度。

2.1.2　无人机在非隔离空域飞行的安全间隔标准

无人机的优势在于轻便灵活、造价低廉，在可预见的未来相当长时期内，为满足空管要求而配备完善的机载设备但牺牲其固有性能优势，不会成为无人机系统发展追求的目标，配备满足雷达管制要求的机载设备更不会作为发展方向的选项，因此我们无须更多关注无人机飞行的雷达管制间隔问题，在此仅需就程序管制条件下的安全间隔问题进行研究分析。由于无人机系统通过地空数据链交换信息，提高无人机在空中飞行过程中的感知、避让能力始终是无人机发展需要突破的关键问题，即无人机不能通过直接观察或灵敏感知近距离相遇的空中其他航空器。这一操控特性，决定了无人机之间、无人机与有人机之间、无人机与地面障碍物之间不能按照目视规则建立安全间隔。综合上述情况，在组织实施无人机飞行活动过程中，只需按照仪表飞行条件下程序管制要求，建立无人机与其他航空器和地面障碍物之间的安全间隔。此时，应当认定无人机系统具备有人驾驶航空器的适航标准并能够遵守程序管制相关规则规定。

1.无人机与地面障碍物之间的安全间隔

按照不小于有人机与地面障碍物之间的安全间隔的原则考虑，无人机执行航线飞行或转场飞行时，在高原和山区其飞行高度应不小于航线两侧及转弯点

周围25 km以内最大标高600 m，在其他地区应当不小于航线两侧及转弯点周围25 km以内最大标高400 m。无人机在起降场地起飞/降落过程中，与周边障碍物的侧向间隔和高度差不作要求，无人机系统所辖部门和地面操控人员对其飞行安全负责。

2. 无人机与其他航空器飞行之间的安全间隔

同样，应当按照不小于有人驾驶航空器之间安全间隔的原则要求，从垂直、横向、纵向三个维度上规定无人机与其他航空器之间的安全间隔。

垂直间隔是指按照高度层配备规定选择飞行高度并保持相应的高度差(但不能按照最小垂直间隔(RVSM)运行标准执行)，即8 400 m(含)以下，每600 m为一顺向高度层；8 900 m(含)以上，每1 200 m为一顺向高度层。8 400 m以下，真航线角在0°～179°范围内时，使用奇数高度层900 m，1 500 m，2 100 m，…，7 500 m，8 100 m，真航线角在180°～359°范围内时，使用偶数高度层600 m，1 200 m，1 800 m，…，7 800 m，8 400 m；8 900 m(含)以上，不存在奇偶数高度层的说法，真航线角在0°～179°范围内时，使用高度层8 900 m，10 100 m，11 300 m…。真航线角在180°～359°范围内时，使用高度层9 200，10 400，11 600 m…。但是，需要特别说明的是，当无人机在8 400 m以上按配备的10 100 m高度层飞行时，逆向飞行的其他航空器不能使用9 800 m，10 400 m高度层，以保证与其保持上下不小于600 m的高度差。无人机使用12 500 m以上高度飞行时，为稳妥起见，应使其与其他航空器之间不小于1 200 m的高度差。无人机航线飞行通过其他飞行空域、航路、航线时，按照当前空管委《无人机飞行管理规定》要求，应当保持上下不小于2 000 m的高度差；如非特殊需要，无人机不应通过有其他航空器活动的射击空域、轰炸靶场、放油区。

横向(侧向)间隔，是指无人机与侧方其他航空器的最低间隔距离，即在同一规定时间段内、与其他航空器使用相同高度或小于规定高度差(即空管委《无人机飞行管理规定》中明确的不小于2 000 m)的高度飞行时，必须保持的最小侧方水平间隔。通常，无人机空域飞行与其他飞行空域之间应保持空域边界之间距离不小于20 km，无人机空域边界与其他航线和航路边界之间的距离应不小于20 km；无人机航线与其他空域边界之间的距离应当不小于10 km，与其他航线之间的距离应当不小于20 km。

纵向间隔是指无人机与其他航空器使用同一航线，或在同一机场起飞和进近时的间隔规定，可以用时间来规定，也可以用距离来规定。通常无人机与其他航空器同航迹、同高度飞行时，与同速度或速度接近的其他航空器之间纵向间隔应不小于10 min，前行航空器速度大于无人机40 km/h时，应当保持通过同一位置报告点后不小于 5 min 的纵向间隔；前行航空器速度大于无人机 80 km/h 时，应当保持通过同一位置报告点不小于 3 min 的纵向间隔。无人机与其他航空器同航迹穿越或交叉飞行时，应当保持穿越到另一航空器的上或下一高度层时二者之间有不小于 15 min 的纵向间隔；无人机与其他航空器同高度、航迹交叉飞行，相互穿越对方航线时，应当有不小于 15 min 的纵向间隔。无人机与其他航空器使用同一机场连续起飞时，必须留有余地，通常应保持与其他航空器之间有不小于 10 min 的放飞时间间隔，其中同航迹速度较大的其他航空器在无人机之后起飞的，必须保证无人机到达着陆机场上空或转入不同航线、改变到符合规定的其他高度层时，二者之间不小于 10 min 的纵向间隔。

2.2 无人机飞行间隔保持

无人机的飞行间隔保持是指在运行过程中，无人机与其他航空器一直保持规定的安全间隔，从而能保证飞行安全。无人机在空中飞行时，必须具有能感知自身位置及状态的传感器才能确定自身的高度、航向等信息。

2.2.1 高度的感知

无人机一般都应装有无线电测高系统、气压式测高系统、GPS、ADS－B 等来感知自身和其他航空器的高度信息。

无线电高度表通过向地面发射无线电波，先测量无线电波从发射到接收的往返时间差，再根据无线电波在空气中的传播速度，取这两者乘积的一半，就可以得到无人机与地面的绝对垂直距离。在机场或起降点附近飞行时，通过这种测量方法可以得到无人机与地面障碍物的精确垂直距离，便于起飞/着陆的控制。

在航路航线飞行阶段，有人机一般使用气压式高度表来获得与某一气压基准面（一般使用 760 mm 汞柱气压面）的垂直距离，所有的有人机均按参照此基准面飞行，各机之间保持不同的高度差就可以保证飞行安全。大气气压一般随着高度的增加呈线性降低，因此气压式高度表可以利用这种方式先测得航空器所在高度的大气压力值，再利用这种线性关系算出航空器的高度。

无人机装有 GPS 时，可以利用 GPS 无线电定位的方法自动测量出海拔高度。

装备有 ADS－B 的无人机可以通过获取其他装备有 ADS－B 的航空器的高

度广播信息获得对方所在的高度。该种高度一般是以平均海平面为基准的,为海拔高度。

以上几种高程测量方式比较成熟,应用均比较普遍。

2.2.2 水平方向距离信息的感知

无人机水平方向的感知一般可以通过加装测距雷达或 ADS - B 等设备获取。

测距雷达的工作原理是向一定方向发送无线电波,通过测量无线电波往返的时间来测算前方物体的距离。测距雷达一般价格较高,体积较大,重量较重。

ADS - B 设备可以通过机载应答机获得周围活动的,也同样装备有 ADS - B 设备的其他航空器广播的位置信息,通过计算经纬度差值可以直接获得与其他航空器的直线距离和方位。

2.2.3 有人遥控无人机飞行间隔的保持

为了保证飞行安全,当无人机操纵员通过无线链路获得无人机当前位置,发现无人机与其他航空器存在接近趋势时,可以通过改变无人机的飞行参数,如改变高度、航向来使其避开危险。遥控无人机在机场或起降点附近时,因无人机与操纵员之间的距离比较近,通信延迟较小。但当无人机在航路航线飞行时,与操纵员距离较远,通信延迟较大。因此,在远距离遥控无人机时,应尽量使其与其他航空器保持高于正常标准的安全间隔。另外,无人机操纵员对空探测设备有限,不太可能掌握空中完整态势,因此需要无人机具有一定的自动保持飞行间隔的能力,即无人机能自动保持飞行间隔的能力。

2.2.4 无人遥控无人机飞行间隔的保持

无人遥控无人机一般均装有比较先进的自身位置感知和周边空中态势感知设备,能对周边的协作目标或非协作目标作出比较精确的感知,获得对方的目标信息,进而进行智能计算,规划新的飞行路径,保持飞行间隔,规避飞行冲突。从安全管控角度考虑,无人遥控无人机的飞行安全间隔保持关口应当前移,重点放在飞行计划申请阶段的矛盾、冲突识别与预先调配上,飞行时,严密监视其是否严格按照批准的飞行计划实施,严格监督与之相关的其他航空器飞行计划执行情况。

2.2.5 现代空中交通管制下无人机飞行间隔的保持

现代空中交通管制中心一般都拥有性能比较完善的对空探测设备网，这些设备可对低、中、高空中的航空器进行跟踪探测。当发现两架航空器具有冲突的趋势时，自动化航管设备会自动按照预先设定的安全标准进行报警，提醒管制员及时进行干预。管制员可以使用对空电台及时提醒空中飞机调整飞行高度、航向或速度来避开冲突。如果一架是无人机，一架是有人机，管制员一般通过对空无线电台告知有人机改变航行诸元。如果是两架无人机有冲突，管制员一般会通过值班电话告知无人机运行单位，让其尽快调配好冲突。

2.3 无人机飞行间隔调整

无人机飞行间隔的保持与调整，是为了保证无人机在空域、航线飞行过程中与其他无人机或有人驾驶航空器保持规定的安全距离，即通过制定飞行规则、掌握无人机飞行计划与飞行动态，使之保持规定的垂直或纵向、横向间隔，从而将飞行中的航空器分隔开。这里，仍然参照有人驾驶航空器的飞行管理方法，采取相应的飞行调配方法对无人机飞行实施调配控制。

2.3.1 灵活使用无人机飞行间隔调整方法

按照对有人驾驶航空器实施垂直间隔调配、纵向间隔调配、横向间隔调配的方法，对无人机的安全间隔调整可分为调整无人机与其他航空器保持规定的高度差、调整无人机与其他航空器保持规定的纵向间隔和调整无人机与其他航空器保持规定的横向间隔。

1. 调整无人机与其他航空器保持规定的高度差

调整无人机与其他航空器保持规定的高度差，是指把无人机与其他航空器配备在不同的高度上飞行，使之与其他航空器之间保持规定的垂直间隔。使用高度差调整使无人机与其他航空器保持安全间隔是最常用、最可靠的方法，这是因为飞行高度易于保持，误差较小，在飞行科目允许的高度范围内作适当调整，对完成飞行任务影响较小，只需要在飞行准备过程中预先装定高度数据即可，简便易行。但是，由于不同的飞行科目对飞行高度有一定的要求，有的飞行任务必

须在某一特定飞行高度上实施，有的飞行科目受无人机性能的影响，只能在一定的高度范围内实施，此外，无人机因其升降率不大且需要地面操控人员间接控制，往往难以做到像有人驾驶航空器一样可以自由机动，因此，应尽可能减少调整无人机飞行高度，尽量安排其在相对固定的高度层飞行或小范围变化。

2. 调整无人机与其他航空器保持规定的纵向间隔

调整无人机与其他航空器保持规定的纵向间隔，是指控制无人机在某一特定的时间放飞、降落、到达或离开某个地标点（坐标点），使之与同高度、同航线飞行的其他航空器之间前后保持安全的间隔。在无人机和其他航空器都需要使用某一有利高度层或任务高度层，因而二者只能同高度、同区域作业时，通常采用这种方法调整使其保持纵向间隔。按照纵向间隔标准调整无人机与其他航空器保持规定的安全间隔，可以充分利用有利的飞行高度。但是，在飞行实施过程中，受无人机机动性、空地链路可靠性、操控人员反应能力、天气状况和空中风等条件的影响，预先安排好的起飞时间、飞行次序和纵向间隔往往会发生变化，因而必须不间断监控无人机及其他航空器的空中动态，及时发现冲突矛盾并采取调整措施。现实的情况是，当前对无人机的动态监控手段还比较有限，空管人员往往必须经地面指挥方舱操控人员方能掌握其动态，因此，当无人机飞行与其他航空器活动存在较多冲突点时，尽量不采用纵向间隔来作调整。

3. 调整无人机与其他航空器保持规定的横向间隔

调整无人机与其他航空器保持规定的横向间隔，是指用调整飞行航线、飞行空域的方法，使无人机飞行与其他航空器活动的航线与航线、航线与空域、空域与空域之间保持安全的横向间隔。调整无人机与其他航空器保持规定的横向间隔，能够充分利用飞行时间和有利飞行高度，但是，对无人机航线或空域进行调整，往往受到无人机属性及其任务特殊性的限制，特别是对军警无人机来说在空域和航线的使用上往往没有调整余地或不允许变动，如此则必须调整其他航空器飞行航线或空域以避让无人机飞行。

在使用横向间隔调整无人机与其他航空器之间飞行矛盾时，如需要改变无人机航线或空域，应当尽早通知无人机管理单位，以便重新修正、装定空域、航线数据和调整地面站点的布设位置。因此，使用横向间隔调整使无人机与其他航空器之间保持安全间隔也是有条件的，局限性较大。

2.3.2 合理把握调整无人机与其他航空器安全间隔的时机

针对无人机系统性能特点以及无人机飞行活动规律，应当力争在全面掌握无人机及其他航空器飞行计划的基础上着重做好预先飞行安全间隔调整，在及时掌握无人机及其他航空器飞行准备和实施情况的前提下周密实施飞行前安全间隔调整，在充分利用空管设备和地面指控设备准确监控掌握空中动态的情况下，精心做好飞行中安全间隔调整。

预先飞行安全间隔调整，是根据飞行申请，预先对互有影响的无人机和其他航空器活动进行调整，通常在飞行前一日完成，并以预先飞行调配方案的形式批复无人机和其他飞行单位。预先飞行安全间隔调整，必须建立在全面掌握飞行计划的基础上，按照标绘航线空域图、识别飞行冲突点、综合形成调配方案、批复飞行申请的步骤完成。

飞行前安全间隔调整，是根据天气变化和其他航空器飞行计划变更情况，在无人机飞行前对预先飞行调配方案进行修改或补充。飞行前安全间隔调整重点解决在预先飞行安全间隔调整中无法解决或没有解决的飞行矛盾。实施飞行前安全间隔调整应充分考虑无人机性能特点，在时间上留有余地，保证其有足够的时间完成飞行前补充准备和协同，防止临时仓促变化导致准备不足，甚至忙中出错引发不安全问题。

飞行中安全间隔调整，是在无人机和其他航空器飞行过程中，对新出现的飞行冲突进行调整。飞行中调整安全间隔，是为了解决临时出现的航空器之间的实时飞行冲突，以保证飞行安全和飞行任务顺利完成。实施飞行中安全间隔调整时，必须充分照顾到无人机在机动能力上的不足，以及间接操控其改变航行诸元的延迟性，避免下达无人机无法完成的调整动作指令。需要说明的是，实施飞行中安全间隔调整时，应首先考虑调整有人驾驶航空器改变航行诸元，这是有人驾驶航空器直接可靠的地空联络手段和较为灵敏的人工操纵反应所决定的。

第3章 无人机飞行感知与避让技术

有人机驾驶员“看见并规避”的态势判断和决策生成过程对于无人机而言就是“感知–避让”技术。感知–避让系统通过无人机自身携带的传感器对空域进行探测，基于数据链路或卫星与其他有人驾驶飞机、无人机及地面站通信，自动生成决策，应对各种威胁实时更新飞行策略，确保航线不发生冲突。

感知–避让技术有以下需求：

- 技术水平上与飞行员的“看见–避让”能力相称；
- 可能是机载设备，可能是地基设备，或者两者都有；
- 首要目的是执行间隔规定，避免与有人机(无人机)碰撞；
- 次要目的是在违反间隔规定时进行自动防撞规避；
- 必须同有人机一样保证安全；
- 与机载防撞系统兼容(或者两者没有冲突)。

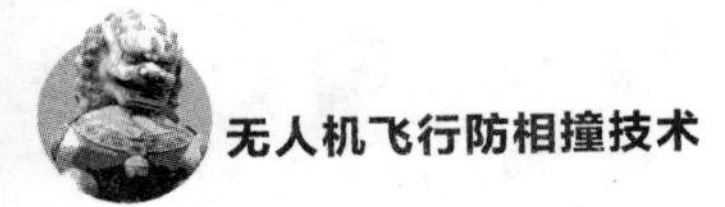

3.1 无人机空中态势感知

3.1.1 基本概念

无人机在战场上的出色表现已被广泛认可，并被各国军事专家所重视，而无人机系统的廉价性与卓越的态势感知能力也正与美国武装力量最近几年所采用的网络中心战相契合。在民用领域，无人机也有广阔的应用前景。无人机作为一类面向信息化作战的智能移动机器人平台，其自主性关键特征的体现主要包括战场环境的态势感知、威胁规避、自主规划与决策、自主运动控制以及任务的自主执行等诸多方面。其中，战场环境的感知与理解作为其他环节的前提和依据，是无人机实现自主作战的基础，地位尤其重要，受到了国内外研究者的广泛关注。

对机器人系统而言，环境态势感知的内涵是指对时间、空间约束的环境元素的获取、修正、组织和使用。态势感知综合多个传感器获取的环境片面的、离散的信息，提取出目标相关属性。与信息融合领域获得广泛认可的美国国防部实验室联合理事会(Joint Directors of Laboratories，JDL)所提出的数据融合模型相对应，环境态势感知属于 0 级和 1 级融合的范畴，所完成的主要功能包括信号级或像素级的目标检测、跟踪和识别，以及从信息中抽象出对环境的整体性认

识，实现环境的认知，包括目标行为理解、态势评估、威胁估计以及态势理解等，是高层信息融合的研究领域。

针对无人机而言，战场环境态势感知的研究任务是使无人机具备战场空间内各类相关信息的收集和认知能力，理解其所处的战场态势，指导其决策和行动。对于多无人机协同作战而言，还要通过对多个平台所获取的冗余信息进行融合，获得全面一致的战场环境态势，支持作战任务的完成。

美国国防部出版的《无人系统路线图 2007 — 2032》中指出，所有面向无人系统的任务都要依赖于对传感器的有效利用。这里的“有效利用”指的就是环境态势感知能力。

环境态势感知的作用体现在以下几个方面：

1）战场环境的态势感知将解决多源传感器信息的综合与集成问题，是无人机系统的信息来源和决策基础；

2）战场环境的态势感知将实现战场态势的准确评估及一致性理解，从而提高指挥控制系统的智能化和自动化水平，提升无人作战系统的作战效能；

3）战场环境的态势感知能够有效降低操作员的工作负担，有助于解决无人机系统的监督控制问题，是实现无人机自主和协同作战的基本保证。

战场环境态势感知的理论方法涉及图像处理、信息融合、计算机视觉、模式识别、人工智能、认知科学等领域，是无人作战系统的一项重要前沿研究课题。

面向无人作战系统的战场环境态势感知技术是在有人机相关技术的基础上继承和发展而来的，其根本区别在于服务对象不同，有人机是面向飞行员服务的，而无人作战系统是面向机器服务的。这一区别使得面向无人机的战场环境感知必须具备更高的自动化程度，实现环境态势的自动理解。

对于单架无人机而言，其信息的获取、处理和应用过程如图 3 - 1 所示。其中，目标感知、态势评估、威胁估计以及态势理解组成了战场环境感知系统的主要环节。这些环节处在信息流的前端，一方面要为后续的决策和行动提供必要的信息输入；另一方面，又要能够根据决策反馈的结果调整信息的感知需求。

同时，战场环境的态势感知也不能离开人的参与，人-机协作的方式能有效地弥补当前感知系统智能化水平的不足，提高战场环境感知信息的利用效率。

为了适应无人机网络化作战的需要，战场感知系统正向着多平台、多传感器的方向发展，使得多传感器信息融合技术逐渐成为了当前实现战场环境态势感知的关键和核心。多传感器信息融合通过对不同来源的存在冗余的战场信息关联处理，增强对环境的感知。融合技术几乎可以应用在态势感知的整个信息流程中，比如融合检测、融合识别、融合跟踪、融合环境建模以及融合态势分析等，是解决多无人机协同环境感知各个环节的共性基础技术。

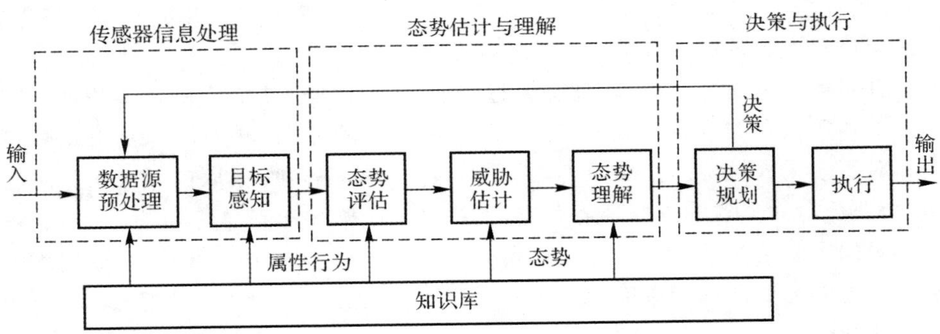

图 3-1　无人机感知信息处理流程

然而无人机在安全性能上还存在许多问题，极大限制了无人机与无人机之间、无人机与有人机之间的系统集成。正因为如此，无人机系统的防相撞性能亟待提高，而无人机感知-避让技术是防相撞的关键，已成为国际上的研究热点，其中，无人机感知探测能力的强弱显得至关重要。

目前，无人机感知-避让系统中有许多技术、方法结合在一起来降低无人机的碰撞风险。空域的合理设计可以减少无人机间随机碰撞的发生，比如利用高度或者方向划分来规划、分隔无人机交通，从而减少了迎面相遇的潜在碰撞风险。空中交通管理系统是国家管理整个空域交通安全的系统，指挥和监控所有空域中飞行器的飞行，目的是保持所有受控飞行器间的安全间隔，一旦出现潜在冲突情况，对涉及冲突的飞机进行调整以规避碰撞冲突。无人机地面管控系统用于监管、控制空域中所有受控无人机，并时刻保持与空中交通管理系统的通信，一旦发现碰撞冲突，则由地面指控人员控制执行避撞策略，防止无人机发生碰撞。无人机的自主防碰撞系统可使无人机自主规避碰撞，而不需地面操纵人员的干预。在这些技术方法中，对潜在目标的精确监视是一个关键步骤，目标的错过或者其位置的错误判断将降低其有效性。

无人机感知探测技术目前存在多种不同的解决方案，根据感知探测方式可以分为合作型和非合作型两大类。合作，意味着所有航空器可通过共同的通信链路共享信息。非合作，则表示在天空的航空器彼此间不通信，因此，意味着只能采用主动检测的方法。

3.1.2　合作型感知探测

合作型探测设备如应答机、TCAS 以及 ADS-B 能够获取目标飞机(装载同类设备的飞机)的直接、精确、全面的状态信息。

1. 空中防撞系统(TCAS)

TCAS是为减少空-空碰撞的发生率，从而改善飞机飞行安全的系统。TCAS最初设计是用于载人飞行，然而，同样可用于无人飞行，不过，目前的价格(25 000～150 000美元)可能会妨碍其在无人机领域的广泛使用。

(1)TCAS的组成

如图3-2所示，询问编码、应答译码、S模式应答机以及中央处理和一些外部模块共同组成了一个完整的TCAS，整个系统的核心是中央处理模块。

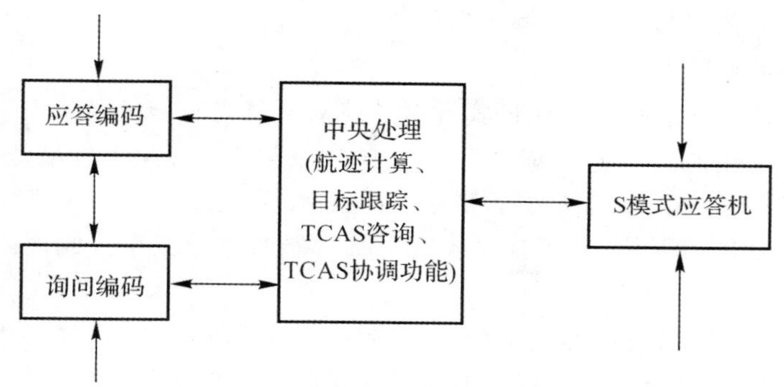

图3-2 TCAS组成结构

中央处理模块的功能是接收应答译码上报的目标信息、启动询问模式、控制S模式应答机的应答信息以及进行TCAS咨询。

询问编码模块主要的功能是进行信息询问，主要的询问方式有S模式与C模式的全呼询问以及S模式的点呼询问两种，并接收这些询问过程中产生的编码信息。然后将这些编码信息传递到应答译码模块进行飞行距离、高度、速度以及匹配模式等计算。

应答译码模块可以进行异步应答(非本机触发的应答)的接收与同步应答(本机询问触发的应答)的接收工作，通过位于前端的一个全向接收天线来完成。此模块在接收的过程中，还需要进行相关的译码从而生成目标方位、高度以及距离等信息，经过中央处理单元的后台分析，得到航空器运行的航线以及轨迹。

在S模式应答机前端位置有两个天线，一个为接收天线，一个为发送天线，可以分别进行C模式与S模式的询问接收以及S模式信息的应答。

(2)TCAS数据通信链路

TCAS数据链路C模式与S模式是主要的两种数据通信链路模式，提供了航空器运行过程中的数据通信功能。

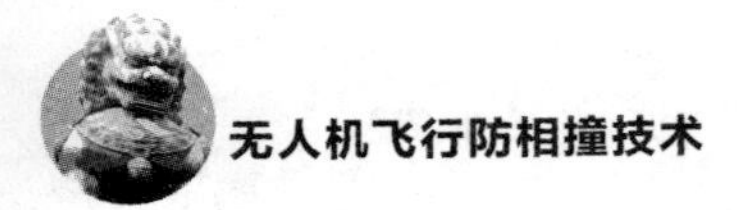

数据链路C模式，主要是当TCAS发出C模式询问时，航空器接收到询问后，可以通过其上的应答机接收后进行信息的编码，然后将这些编码发送至接收装置，此模式采用“一问多答”的形式来完成数据的发送与访问。

数据链路S模式是一种新的数据链路模式，其问答的形式是具有选择性的，并且与工作方式相关联。在威胁确定之前进行S模式询问时，TCAS采用的是全呼询问的方式，在此情况下，航空器上的所有具有S模式的应答机都会做出应答，TCAS根据应答，计算出航空器的高度以及距离信息来判断航空器碰撞的概率。当计算出碰撞的概率较大的情况下，TCAS会与数据链路(S模式)进行进一步的数据通信，将传递过来的数据信息进行分析，并将避让措施与航线信息发送给具有碰撞危险的航空器。

S模式数据链路相对于C模式数据链路来说具有自身的特点与功能。S模式数据链路采用离散寻址访问方式，承载的信息包含了航空器的航线信息、前方的天气信息以及大气高度信息等相关的内容，可以通过TCAS实现航空器之间的S模式数据链路通信，从而有效地减少航空器的碰撞概率。此模式具有以下基本特征：

1)S模式下具有选择性地询问每个S模式异频收发机地址的能力，其中具体的地址数量有1 600万个，可以有效地满足航空器地址的唯一性需求。

2)在航空器出现没有应答的情况下，还能够进行数据的访问，具有自适应访问的特征，能够有效提高检错概率。

S模式的询问格式可以采用针对特定飞行器的“点名式”询问与进行地址提取时使用的全呼叫询问两种。其中第一种格式在脉冲串中必须包含航空器的地址信息，如果地址信息不匹配则不能访问；第二种格式是通过内部的应答，在一定的应答机上的进行应答访问，具有一定的偶然性。

(3)TCAS的避让逻辑

在航空器运行的过程中，一个十分复杂的问题是空中防撞避让，防撞避让系统(Collision Avoidance System，CAS)是整个避让环节的核心内容。根据ICAO国际标准来进行系统避让逻辑分析与阐述的前提下，必须对敏感级别(Sensitivity Level，SL)、TA/RA(交通咨询/决策咨询)的产生原则、保护范围(Protected Volume，PV)进行掌握和了解，这几个概念对TCAS避让逻辑有重要的影响。

1)敏感级别。通过SL实现对TCAS有效逻辑的保护以及在不必要的咨询中得到最好的控制效果，其对TA和RA时间门限的触发控制，保证了航空器运行过程中具有良好的空间保护范围(见表3-1)。当需要航空器具有很大保护空间的情况下，可以将SL的值设置得大一些，但是某种程度上，当保护的范围

增大后,也增加了报警不准确的概率。

表 3-1 敏感级别对应的保护范围

航空器高度/ft*	SL	τ/s		水平距离门限/nmile		高度差门限/ft	
		TA	RA	TA	RA	TA	RA
<1 000	2	20	N/A	0.30	N/A	850	N/A
1 000~2 350	3	25	15	0.33	0.20	850	300
2 350~5 000	4	30	20	0.48	0.35	850	300
5 000~10 000	5	40	25	0.75	0.55	850	350
10 000~20 000	6	45	30	1.00	0.80	850	400
20 000~42 000	7	48	35	1.30	1.10	850	600
>42000	7	48	35	1.30	1.10	1200	700

* ft 为非法定计量单位,1 ft=0.304 8 m。

2)TA/RA 的产生原则。在整个飞行过程中,通过航空器发生碰撞的最小时间来进行威胁性的判断,将这个最小时间定义为"τ"。飞行过程中两架航空器根据到达最近相遇点(Closest Point of Approach,CPA)的时间对 RA 与 TA 的操作产生影响,"$\hat{\tau}$"定义为时间估计值,其表示的是两架航空器之间的水平距离(垂直距离)与水平接近速度(垂直接近速度)之间的比值大小。

$\hat{\tau}$ 的大小对 TCAS 的所有预警功能的实现具有重要的作用,通过表 3-1 可以得到,不同的 TA 和 RA 门限通过不同的 SL 级别来表示。只有当入侵航空器与被入侵航空器之间的 CPA 距离小于一定界限时,才会产生 TA/RA,该界限由水平距离门限 DMOD 和高度差门限 AMOD 决定,因此 τ,DMOD,AMOD 三个参数构成 TA 或 RA 产生的依据。

3)保护范围。保护范围表示了航空器运行过程中,此区域范围内运行的安全性与可靠性。其中主要是通过 DMOD 与 τ 来决定水平方向的保护范围,而其垂直方向上的保护范围通过 AMOD 与 τ 来决定。

保护范围表示一种理想的区域安全,并不是代表着实际的距离,通过两架航空器达到 CPA 的时间决定了保护范围的水平距离。航向、敏感级别以及航空器的速度大小决定了航空器保护范围的水平距离的大小。

4)TCAS 避让逻辑。航空器装备了 TCAS 后,就具备一定的避让功能,具体的 TCAS 处理流程如图 3-3 所示。在航空器运行过程中,通过对周围的空情态势进行监测，实时地跟踪当前目标航空器，通过 TA 指示来完成交通的咨询工作；完成之后，对目标机进行高度与距离的探测，根据威胁以及自身的飞行状态与目标航空器进行比对分析，从而进行决策选择与判断。若两架航空器都安装了 TCAS，则还要进行两者之间的协调工作，显示出 RA，监视咨询结果报告，根据报告的准确性来完成 RA 的准确性判断。若采取避让后达到了满意的效果，则可以对 TCAS 咨询进行解除，反之，则 RA 重新进行选择。

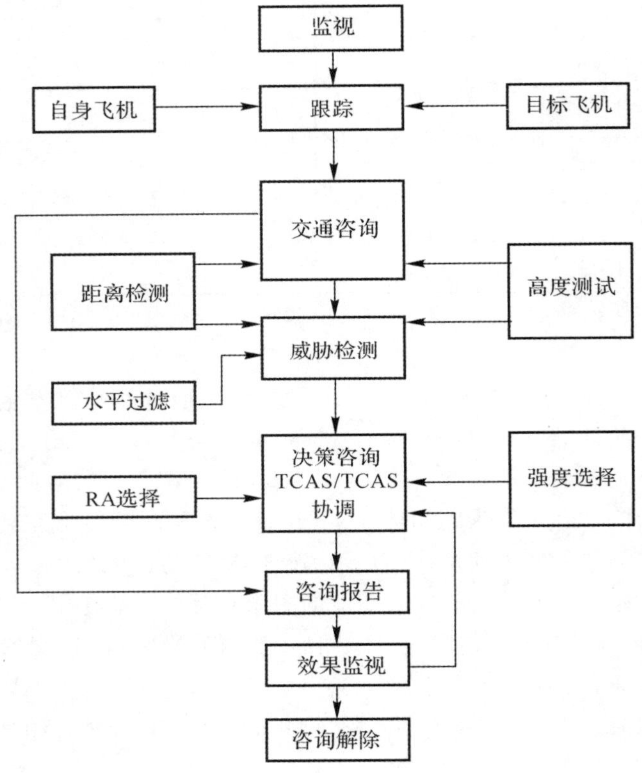

图 3-3　TCAS 处理流程

2. ADS-B 技术的应用

ADS-B 是一种相对较新的技术，它为防撞提供了巨大潜力。ADS-B 不仅限于空-空监视，它同样适用于空对地通信并具有取代二次雷达的潜力。ADS-B使用了类似于 TCAS 使用无线电技术收发信息的方式，但 ADS-B 的一个重要且明显的区别在于其信息交换的类型。每架飞机应分享的信息包括三维位置、速度、航向、时间和意图。ADS-B 具有信息全面、更新快、精准度高等

优势，能够实现与ATC服务和地面操控员的交互，有助于无人机更为灵活可靠地实施感知避让。

(1)ADS－B技术原理

ADS－B技术，就是主要以卫星定位和地/空数据链通信等相关技术为基础对航空器的运行过程进行监视的技术。它是由飞机将机载系统导出的飞机定位识别四维位置和其他必要的飞行所需附加数据自动发送和接收，从而掌握所有运行中的航空器，如图3－4所示。

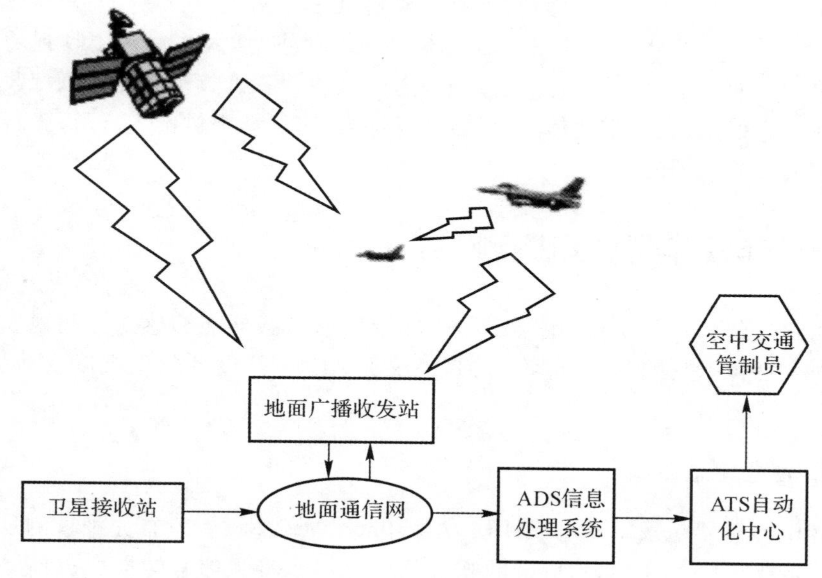

图3－4 ADS－B系统原理图

ADS－B的工作原理：首先机载设备收到GPS信号，进行实时定位，然后把飞机位置等数据以1 s的时间间隔向外广播，周围飞机和地面基站接收这样的数据。同时本飞机也接收空域中其他飞机的数据，从而建立联系。

(2)ADS－B的主要功能

ADS－B系统共有三个主要功能。

1)ADS－B：自动相关监视广播。ADS－B设备一般安装在飞机、移动的车辆和地面基站上，使其共同享有相互的位置、速度和其他信息。飞机可以获得周围临近飞机的位置数据，计算出相对本飞机的位置和速度。同时地面的GBT(地面收发两用机)也监控安装有UAT(通用访问收发机)飞机的情况，获得飞机的型号、经纬度、速度和识别号灯等信息。

2)TIS－B：交通信息服务广播。TIS－B是一种地面基站的服务，它将没有安装 ADS－B 设备的飞机的监控数据提供给安装有 ADS－B 设备的飞机。TIS－B 也可以用于多重数据链，提供使用不同数据链的安装有 ADS－B 设备的飞机之间的数据传输。

3）FIS－B：飞行信息服务广播。FIS－B 能提供给飞行员必要的气象信息和文本信息，例如航空气象报告和机场终端区域预报、特殊使用空域信息、空勤通知和其他信息等。在无人机应用上，可通过地面基站接收这些信息。

（3）ADS－B 系统的组成

ADS－B 系统由若干地面基础设备和机载设备构成，机载 ADS－B 设备将收集到的导航信息处理后以广播形式不间断地对外发射，并且将接收到的其他航空器和地面设备发送的信息经过处理送给机载计算机。机载计算机把收集到的 ADS－B 信息、机载雷达信息、导航信息综合处理后，提供给飞行员，飞行员就可以掌握飞机周围的态势。

3.1.3 非合作型感知探测

雷达、视觉、EO/IR（光电/红外）等非合作型传感器能够感知探测视场范围内的所有物体，包括装备了应答机、TCAS 或 ADS－B 设备的飞机以及地势、鸟类等非合作型目标。

1. 光电传感器

光电传感器是采用光电元件作为检测元件的传感器。它首先把被测量的变化转换成光信号的变化，然后借助光电元件进一步将光信号转换成电信号。光电传感器一般由光源、光学通路和光电元件三部分组成。光电式传感器是以光电器件作为转换元件的传感器，光电检测方法具有精度高、反应快、非接触等优点，而且可测参数多，传感器的结构简单，形式灵活多样，因此，光电式传感器在检测和控制中应用非常广泛。

光敏二极管是最常见的光电传感器。光敏二极管的外型与一般二极管一样，只是它的管壳上开有一个嵌着玻璃的窗口，以便于光线射入。为增加受光面积，PN 结的面积做得较大。光敏二极管工作在反向偏置的工作状态下，并与负载电阻相串联，当无光照时，它与普通二极管一样，反向电流很小，称为光敏二极管的暗电流；当有光照时，载流子被激发，产生电子空穴，称为光电载流子。在外电场的作用下，光电载流子参与导电，形成比暗电流大得多的反向电流，该反向电流称为光电流。光电流的大小与光照强度成正比，于是在负载电阻上就能得到随光照强度变化而变化的电信号。

光电传感器一般由三部分构成，分别为发送器、接收器和检测电路。发送器对准目标发射光束，发射的光束一般来源于半导体光源，如发光二极管(LED)、激光二极管及红外发射二极管。光束不间断地发射，或者改变脉冲宽度。接收器由光电二极管、光电三极管和光电池组成。在接收器的前面，装有光学元件如透视镜和光圈等。在其后面是检测电路，它能滤出有效信号并加以应用。

无源性以及对非合作目标的鲁棒性是光电传感器的关键优势，使它们成为防撞应用中非常有吸引力的传感器类型。与此相反，TCAS则更多依赖于其他合作飞机转发自身飞行信息的方法。

光电传感器的传感技术已经相对成熟，适合应用于无人机感知与避让系统。当前先进的光电传感器趋向于紧凑、低重量、低功率，使得它们能够应用于相对小的无人机平台。此外，目前很容易得到支持高速IEEE和IEEE 802.3-2008千兆以太网通信接口的商用光电传感器现成品，以此可以很容易地实现图像数据的实时采集和高分辨率传输解决方案。目前，可利用从相机到图像处理计算机或工作站传送数字视频信号所常见的总线标准有火线IEEE1394、USB 2.0、千兆以太网和Camera Link。

光电传感器所提供的信息不仅仅局限于用于图像平面内的目标检测与定位。由目标在图像平面中的位置所进一步推断出的相对航向信息可以用于评估碰撞危险，恒定的相对航向对应于高风险，而变化率大的相对航向对应于低风险。此外，也可从中得到常用于控制目标距离的信息并用于飞机机动。

相关研究表明，以光电传感器为基础的感知和避让系统获得监管机构批准的可能性最大。同时，光电传感方法也面临诸多问题。其中最显著的挑战来自于空中环境的不可预测和不断变化的性质。特别是，对于可见光光谱的光电传感器，检测算法必须能够处理各种图像的背景(从蓝色天空、云到杂乱的地面)、各种照明条件，以及可能的图像伪影(例如镜头眩光)。

光电传感器的另一个问题是存在图像抖动噪声。由于受到不可预知的气动干扰和无人机的机动，因而加剧了相机传感器的图像抖动。对于图像平面的检测算法，图像抖动引入不希望的噪声分量，并对性能产生显著影响。基于飞机的状态信息的图像特征的抖动补偿技术已经提出，可以减少图像抖动效应，但仍不能完全消除。

最后，实现光电传感器图像数据的实时处理也是一个挑战。随着并行处理硬件(如图形处理单元(GPU)、现场可编程门阵列(FPGA)和专用数字信号处理器(DSP))的发展，此问题正在得到改善。

目前，政府、大学和商业研究小组已经研发出不同成熟度的基于光电传感器的感知和避让技术。其中最成熟的基于光电传感器的感知和避让技术方案已经

由美国国防研究协会有限公司、空军研究实验室(AFRL)和航空系统中心(ASC)联合完成。AEROSTAR 无人机也已验证了能在大约 7 nmile 内侦查并跟踪不合作通用航空器的机载设备。

澳大利亚的航空航天自动化研究中心(ARCAA)已承接用于民用无人机的成本低、效益高的感知与避让系统,已经进行了闭环飞行试验,展示了系统自动检测入侵机并命令载机自动驾驶仪进行回避动作的能力。类似的研究加深了对光电传感器参数(如视野)与系统性能(如探测距离、检测概率和误报率)之间权衡的认识。例如,许多研究表明,在一般情况下,增大视野将减小探测距离,反之亦然。

2. 雷达

雷达是利用电磁波探测目标的电子设备。雷达发射电磁波对目标进行照射并接收其回波,由此获得目标至电磁波发射点的距离、距离变化率(径向速度)、方位、高度等信息。雷达作为一项成熟的飞机防撞技术,其探测范围、扫描角速度、更新率和信号质量等均相对较高。Kwag 等研究了适用于低空飞行无人机防撞雷达的设计关键参数。其主要的技术缺陷在于雷达大小的限制。雷达的重量消耗大量的动力,并需要一个巨大的天线才可以发现较小的物体,天线越小,则精度越低,这样雷达就被限制在大型的无人平台。在小型化方面,丹佛大学无人系统研究所的研究人员开发了一种可供无人机携带的相控阵雷达系统,重量只有 340 g,体积和人的手掌差不多。

雷达传感器一般由活动目标显示器及合成孔径雷达组成。

合成孔径雷达(SAR)是一种高分辨率成像雷达,可以在能见度极低的气象条件下得到类似光学照相的高分辨率雷达图像。合成孔径雷达的特点是分辨率高,能全天候工作,能有效地识别伪装和穿透掩盖物。合成孔径雷达的首次使用是在 20 世纪 50 年代后期,装载在 RB-47A 和 RB-57D 战略侦察飞机上。经过近 60 年的发展,合成孔径雷达技术已经比较成熟,各国都制订了自己的合成孔径雷达发展计划,各种新型体制合成孔径雷达应运而生,在民用和军用领域均发挥着重要作用。合成孔径雷达工作时按一定的重复频率发、收脉冲,真实天线依次占一虚构线阵天线单元位置。把这些单元天线接收信号的振幅与相对发射信号的相对位置叠加起来,便合成一个等效合成孔径天线的接收信号。若直接把各单元信号矢量相加,则得到非聚焦合成孔径天线信号。在信号相加之前进行相对校正,使各单元信号同向相加,得到聚焦合成孔径天线信号。地物的反射波由合成线阵天线接收,与发射载波作相干协调,并按不同距离单元记录在照片上,然后用相干光照射照片便聚焦成像。这一过程与全息照相相似,差别只是合

成阵线是一维的，合成孔径雷达只在方位上与全息照相相似，故合成孔径雷达又可称为准微波全息设备。它的突出优势表现在：

1)主动性好，排除了被侦察目标关机的影响，可以连续进行探测监视；

2)从预先确定的信号环境中侦察目标，其信号处理和图像处理容易实施；

3)可以对目标进行图像侦察，空间分辨率和定位精度都很高；

4)在一个载体上可以使用多通道技术侦察目标，将侦察数据进行综合，可获取地球表面的高度、目标的立体外形和运动参数等信息。

无人机载雷达有以下几个主要发展趋势：

1)多波段、多极化、多模式；

2)采用相控阵天线；

3)多航段侦察；

4)动目标成像；

5)数据压缩传输；

6)共形天线。

这里介绍两种比较常见的合成孔径雷达。

ASAR－Ⅱ型合成孔径雷达：作用距离达到550 km，且分辨率达到0.3～0.9 m。

"西萨"(HISAR)合成孔径雷达：这是一种具有动目标显示和合成孔径雷达(MTI/SAR)成像两种工作模式的多孔径相控阵雷达，最大的作用距离为250 km，可探测的最小目标尺寸为吉普车大小，可探测的最慢目标的速度为4.8 km/h。雷达的分辨率在采用SAR工作模式时为3.7 m，且SAR成像的时间为30～60 s。

3.1.4 小结

本节主要介绍了无人机态势感知的地位及作用。态势感知是其他作战环节的前提和依据，是无人机系统的信息来源和决策基础，能够提升无人作战系统的作战效能，是实现无人机自主作战和协同作战的基本保证。分析了无人机感知探测的技术和设备，主要分为合作型和非合作型两大类。合作型探测设备例如应答机、TCAS以及广播式自动相关监视技术能够获取目标飞机的直接、精确、全面的状态信息；雷达、视觉、EO/IR(光电/红外)等非合作型传感器能够感知探测视场范围内的所有物体，包括装备应答机、TCAS或ADS－B设备的飞机以及地势、鸟类等非合作型目标。

3.2 无人机飞行冲突预测

要使无人机规避障碍物，应首先使无人机具备及时发现障碍物的能力，及时发现碰撞才能有充足时间采取规避机动防止碰撞。碰撞预测是通过机载和地面监视设备对无人机在空域中的位置、高度和速度等信息进行计算，利用它们的飞行计划与当前时刻的航行诸元来预测它们未来时刻的位置，通过所有无人机的相对位置信息、相对位置的改变率，以及路径信息（原始静态的或者通信传播得到的）进行决策来判断是否出现碰撞风险（两机处于碰撞过程中）或者冲突（安全间隔的入侵），以及是否需要一个规避机动从而实现碰撞冲突的预测、告警功能。

3.2.1 概率分析法

P. J. Lygeros 和 M. Prandini 提出中期和短期两种预测模型，其中中期模型是用来预测未来数十分钟内的潜在冲突，通过规避算法避免使它们发展成短期冲突；而短期模型研究的是几分钟到几秒钟内即将发生的冲突，若不立即采取措施，冲突就不能避免。L. C. Yang 等人采用了在轨迹模型中包含飞机意图信息的概率估计方法，主要利用蒙特卡罗仿真根据飞机飞行意图及各种干扰推测未来飞行轨迹，并进行冲突探测和规避，着重于飞行意图对轨迹的影响。K. Blin 通过引入位置误差的动力学模型，提出增强型古典误差概率模型，能识别和估计不同成分的定位误差的影响，分清含有不确定因素的飞机动态位置。

这里介绍一种基于概率方法的冲突探测算法，适用于以下情形：基于对航迹的预测；平飞情况，没有爬升或下降；预测时间 10～30min；用概率来表征相遇情形的危险程度。

第一步，根据两机的相遇几何，计算出两机的最小距离偏移量。考虑两架飞机 X 和 Y 在水平方向的二维情况，如图 3-5 所示。

两架飞机 X 和 Y 的相遇情形参数定义如下：

O 是飞机 X 和 Y 的交叉点；θ 是航向交叉角；s 是间隔标准；V_X 是飞机 X 的速度；V_Y 是飞机 Y 的速度；(x, y) 表示的是两机 X 和 Y 离交叉点的距离点（利用距离信息表示的坐标点）；圆形内部区域 Z 表示的是潜在冲突域，半径为水平间隔 s。

在三角形 XOY 中应用余弦定理，得

$$x^2 + y^2 - 2xy\cos\theta = s^2 \tag{3.1}$$

对于给定的 θ，这个等式表示了一个椭圆。

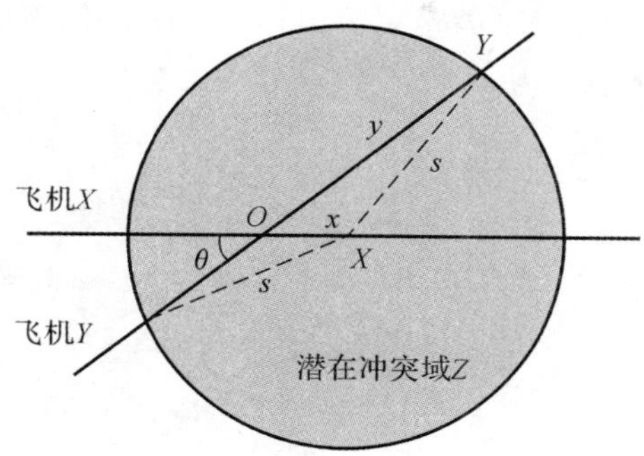

图 3-5　两架飞机 X 和 Y 的相遇几何

如图 3-6 所示，假设在潜在冲突域 Z 内两机 X 和 Y 的速度保持恒定不变且沿直线飞行，设初始距离点为(x_0, y_0)，则在冲突域内的任意时刻 t 它们的距离点为$(x, y)$$(x = x_0 + V_X t, y = y_0 + V_Y t)$，并且满足

$$\frac{\mathrm{d}y}{\mathrm{d}x} = \frac{\dfrac{\mathrm{d}y}{\mathrm{d}t}}{\dfrac{\mathrm{d}x}{\mathrm{d}t}} = \frac{V_Y}{V_X}$$

记 $m = \dfrac{V_Y}{V_X}$。容易知道，在冲突域内的任意时刻 t，它们的距离点(x, y)构成一条直线 $l: y = mx + r$。如果直线 l 与椭圆 $x^2 + y^2 - 2xy\cos\theta = s^2$ 相交或相切，则说明有潜在冲突发生。因此，有潜在冲突发生的临界条件就是直线 l 与椭圆相切，显然，存在两条平行于直线 l 的切线 $y = mx \pm c$（上切线和下切线），将其中一条切线 $y = mx + c$ 代入椭圆方程 $x^2 + y^2 - 2xy\cos\theta = s^2$ 中，由于相切，所以存在唯一解即 $\Delta = 0$，由此可解得 c 与 s 满足关系 $s = \lambda c$，其中

$$\lambda = \frac{\sin\theta}{\sqrt{m^2 - 2m\cos\theta + 1}} \tag{3.2}$$

冲突域内任意时刻 t 两机 X 和 Y 有潜在冲突发生的条件为 $-c \leqslant r \leqslant c$。当有潜在冲突发生时，由 $r = y - mx$ 及 $s = \lambda c$ 可得

$$-s \leqslant \lambda(y - mx) \leqslant s$$

结合图 3-5 和图 3-6 可知，当两架飞机 X 和 Y 交叉飞行时，最先到达交叉点 O 的时刻就是它们之间的距离最小时刻 CPA(Closest Point Approach)，此时它们的距离点(x, y)产生的位移量记为

$$d_{\min}=\lambda(y-mx)=\lambda V_Y\left(\frac{y}{V_Y}-\frac{x}{V_X}\right) \tag{3.3}$$

容易知道,X 和 Y 在 CPA 时刻的距离等于 $|y-mx|$,偏移量 $d_{\min}$ 的绝对值与其是成比例的,这个比例值即为 λ。

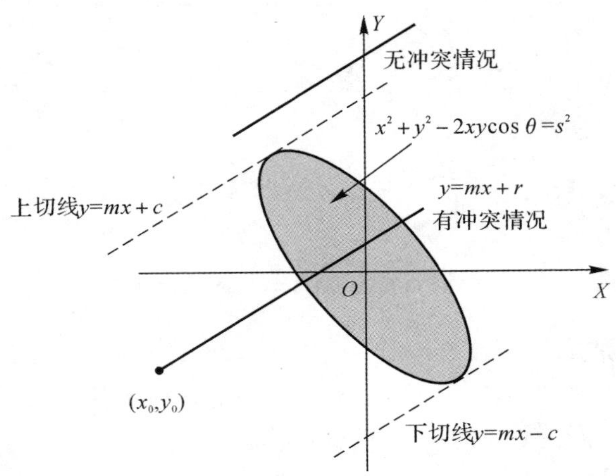

图 3-6　冲突时满足的几何条件

第二步,通过考虑航迹预测的误差模型,推导出距离最小时刻位移量的协方差分布。

在真实的飞行中,存在很多误差因素,使得飞机的实际飞行航迹会偏离计划航迹。轨迹预测的不确定性,产生的主要因素是高空风的预测误差,其次是跟踪、导航和控制误差。在进行中期冲突预测时,需要考虑航迹预测的不确定性。

沿航迹方向位置误差 $a(t)$ 服从正态分布:

$$a(t)\sim N(0,\delta_a^2(t)) \tag{3.4}$$

$\delta_a^2(t)$ 随时间 t 二次增长,$\delta_a^2(t)=r_a^2t^2$。

航迹交叉方向位置误差 $\varepsilon(t)$ 服从正态分布:

$$\varepsilon(t)\sim N(0,\delta_c^2(t)) \tag{3.5}$$

$\delta_c^2(t)$ 随航程 $s(t)$ 二次增长到一个饱和值 $\bar{\sigma}_c^2$,$\delta_c^2(t)=\min\{r_c^2s^2(t),\bar{\sigma}_c^2\}$。

其中,r_a,r_c,$\bar{\sigma}_c^2$ 为常数:$r_a=0.25$ nmile/min,$r_c=1/57$ nmile/min,$\bar{\sigma}_c^2=1$ nmile^2。

目前采用 3D 航迹预测的飞行管理系统(Flight Management System, FMS)中,一般能比较有效地控制航迹交叉方向的位置误差在一定范围内,却不能很好地控制航迹方向的位置误差。根据航迹交叉方向的位置误差范围可控这

一特点，可将航迹交叉方向的位置误差近似地转化到沿航迹方向来进行统一处理。

如图 3-7 所示，以 O 为参考点，在某一时刻 t，飞机 X 和 Y 的航迹交叉方向的位置误差分别为 $\varepsilon_X(t)$ 和 $\varepsilon_Y(t)$，沿航迹方向的位置误差分别为 $a_X(t)$ 和 $a_Y(t)$，根据它们的几何关系，航迹交叉方向位置误差可转换为其对航迹方向位置误差的影响 $a'_X(t)$ 和 $a'_Y(t)$（即相对于点 O 的距离）：

$$\left.\begin{aligned} a'_X(t) &= \varepsilon_X(t)\cot\theta - \varepsilon_Y(t)\csc\theta \\ a'_Y(t) &= \varepsilon_Y(t)\cot\theta - \varepsilon_X(t)\csc\theta \end{aligned}\right\} \tag{3.6}$$

这里，$\varepsilon_X(t)$ 和 $\varepsilon_Y(t)$ 之所以对 $a'_X(t)$ 和 $a'_Y(t)$ 都产生了影响，是由它们的相对几何关系决定的。另外，$\varepsilon_X(t)$ 和 $\varepsilon_Y(t)$ 都是服从正态分布的，所以 $a'_X(t)$ 和 $a'_Y(t)$ 也是服从正态分布的。

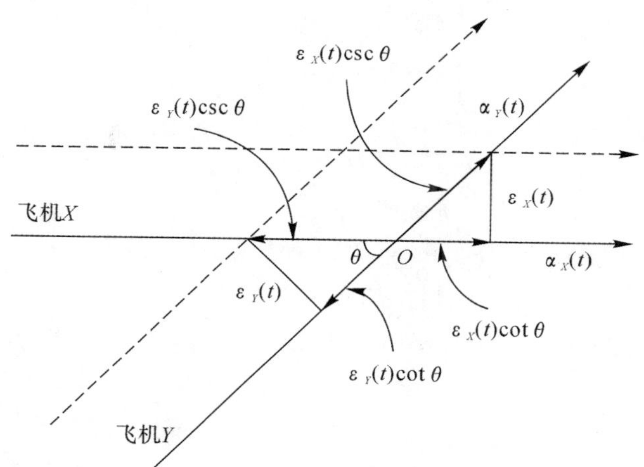

图 3-7　航迹交叉方向的位置误差转换

于是，可以得到飞机 X 和 Y 在沿航迹方向总的位置误差分别为

$$\left.\begin{aligned} E_X(t) &= a_X(t) + a'_X(t) \\ E_Y(t) &= a_Y(t) + a'_Y(t) \end{aligned}\right\} \tag{3.7}$$

记CPA时刻距离点为 (x', y')，x'，y' 分别等于飞机 X 和 Y 在沿航迹方向上的误差 $E_X(t)$ 和 $E_Y(t)$，即 $x' = x + E_X(t)$，$y' = y + E_Y(t)$。因此CPA时刻的位移量 $d_{\min}$ 可表示为

$$\begin{aligned} d_{\min} &= \lambda(y' - mx') = \lambda[(y + E_Y(t)) - m(x + E_X(t))] \\ &= \lambda(y - mx) + \lambda[a_Y(t) - ma_X(t)] + \lambda[a'_Y(t) - ma'_X(t)] \end{aligned} \tag{3.8}$$

也是服从正态分布的，即 $d_{\min} \sim N(\mu_d, \sigma_d^2)$，其中

$$\left.\begin{aligned}\mu_d &= \lambda(y - mx) \\ \sigma_d^2 &= \lambda^2(1+m^2)(\sigma_{a(t)}^2 + \sigma_{a'(t)}^2)\end{aligned}\right\} \tag{3.9}$$

另外，如果存在其他误差因素，只要它们的误差模型是服从正态分布的，且相对于沿航迹方向的误差而言不是很大时，都可以通过一定的几何关系将其转换为沿航迹方向的影响来处理。

第三步，根据第二步得到的误差分布特性，积分计算冲突发生的概率。

已知飞行间隔标准为 s，两架飞机在 CPA 时刻的位移量为 $d_{\min}$，它们的冲突概率 P_c 等于 $d_{\min}$ 位于 $-s$ 和 $+s$ 之间的概率。由于 $d_{\min}$ 是服从正态分布的，因此有

$$P_c = \frac{1}{\sigma_d\sqrt{2\pi}}\int_{-s}^{+s}\exp\left(-\frac{1}{2}\left(\frac{u-\mu_d}{\sigma_d}\right)^2\right)\mathrm{d}u = \frac{1}{\sqrt{2\pi}}\int_{(-s-\mu_d)/\sigma_d}^{(+s-\mu_d)/\sigma_d}\exp\left(-\frac{z^2}{2}\right)\mathrm{d}z \tag{3.10}$$

显然 P_c 可等价表示为

$$\left.\begin{aligned}P_c &= \Phi\left(\frac{+s-\mu_d}{\sigma_d}\right) - \Phi\left(\frac{-s-\mu_d}{\mu_d}\right) \\ \Phi(x) &= \frac{1}{\sqrt{2\pi}}\int_{-\infty}^{x}\exp\left(-\frac{z^2}{2}\right)\mathrm{d}z\end{aligned}\right\} \tag{3.11}$$

其中 $\Phi(x)$ 服从标准正态分布，其值可通过查表方式得到。

由于概率分析法对于冲突概率的实时计算量比较大，按照现有的处理速度，在实际中很难应用，因而对于概率型冲突探测方法的研究大多仍局限于理论阶段。

3.2.2 几何分析法

Folton 分析了多架飞机飞行冲突的复杂性，并提出了使用计算几何方法探测飞行冲突的思想，采用建立 Voronoi 多边形的方法，确定一架飞机的邻近飞机数以及与它们发生碰撞的可能性，从而提高了计算的快速性。Y. J. Chiang 等人研究了维持和更新做复杂轨迹运动的 Delaunay 图节点的有效算法，采用基于空间离散化盒状保护区的几何散列法，在每个离散时隙步检查周围的飞机，确定是否会发生冲突。这种方法体现了飞机安全间隔的精确概念，适用于所有飞机，能测出在特定的未来时间段潜在的冲突。J. M. Donald 等人采用 AOP (Autonomous Operations Planner)算法，将轨迹离散化为若干节点的集合，间隔时间选为 10 s，两机首先同步时间，再根据算法推测冲突。

下面介绍一种通过山峰等威胁的布置情况来绘制 Voronoi 多边形图以求解最优路线的方法。

1. 山峰威胁的模拟

无人机设定为等高度飞行时，由于气流扰动及燃油消耗等原因，飞机并不是始终停留在给定的高度上飞行，而是以设定的飞行高度为基准，存在一个高度偏差变化量 Δ。结合飞机自身的性能以及执行任务时的天气、环境等情况，可以给出飞行过程中高度偏差的变化范围 $\Delta \in (-\Delta_{max}, +\Delta_{max})$。在获取高度变化量后，设飞机给定的飞行高度为 H_0，将地图网格上所有高度高于$(H_0-\Delta_{max})$的地图网格点使用"*"来标注。为了保证飞行时的安全，防止飞机与山峰相撞，将标记点作为禁飞点，在标记点附近的区域可视为禁飞区。为了更有效地记录禁飞区的位置、大小等状况，我们根据实际情况选用一系列适当半径的圆将禁飞区包含在内。若遇到连绵山峰的情况，可以使用几个边缘重叠覆盖的圆来表示。相邻的禁飞区以最贴近的圆包络，并记录该圆圆心及半径，不规则地形则由若干个圆叠加。

通过这种方法，可以将所有的禁飞区域包裹在圆形内部，如图3-8所示。之后，将禁飞区域记录到数据库，记录统一采用这样一种形式：(X, Y, R, V)，其中，X, Y 代表包含禁飞区域的圆的中心坐标，R 代表半径，V 代表对飞机构成的威胁程度，将其取为无穷大(∞)，以表示不可飞越。

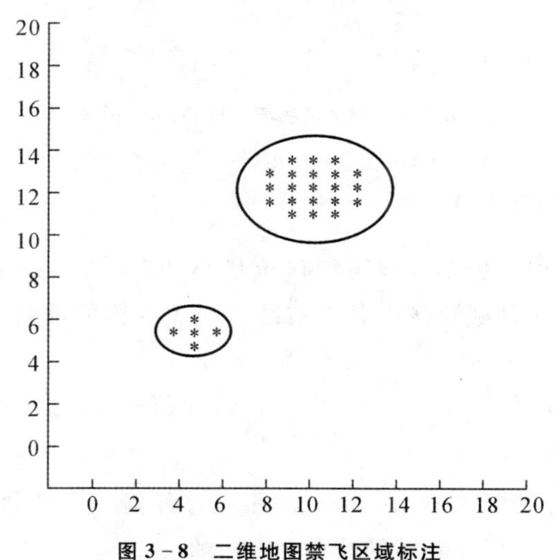

图3-8 二维地图禁飞区域标注

2. Voronoi图的构建

借助 Voronoi 图的思想，将地形威胁点作为母点，构建 Voronoi 图，如图

3-9 所示。

Voronoi 图在构造过程中没有涉及无人机的起始点及目标点的方位。为了制订出一条连接起始点及目标点的初始航路,可把起始点及目标点简单地与 Voronoi 图中三个最近的多边形顶点相连,如图 3-9 中虚线所示。这样使起始点和目标点与威胁场 Voronoi 图形成一个从起点到目标点的有向图,经过这样的处理,由 Voronoi 图中可找出若干条能够从起始点到达目标点的航路。

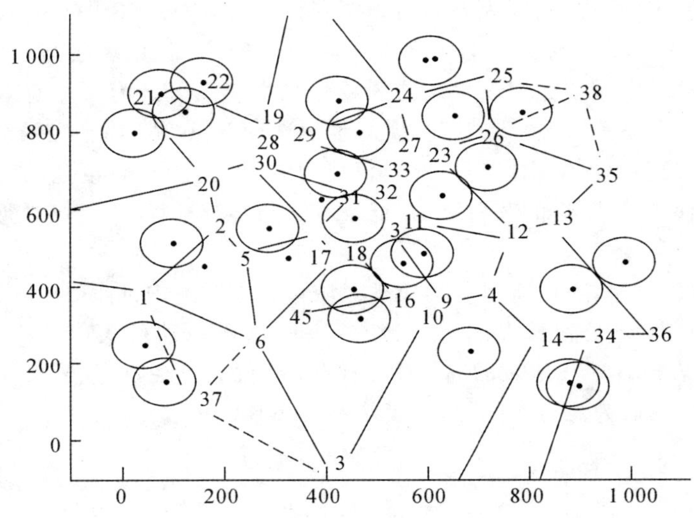

图 3-9 建立威胁场中的 Voronoi 图

3. 航路段代价的计算

无人机航路规划就是要寻找飞行代价最小的路径,一般考虑两个方面的代价:一是油耗限制,二是威胁场中各个威胁点对无人机的威胁。因此航路段代价值按照以下原则确定:

1)若 $\overline{P_iP_j}(i,j=1,2,\cdots,n,i\neq j)$ 经过任何一个威胁,则该段航路的代价定义为无穷大,即 $W_{ij}\to+\infty$;

2)若 $\overline{P_iP_j}(i,j=1,2,\cdots,n,i\neq j)$ 不经过任何一个威胁,则该段航路的代价综合考虑距离代价 W_{Lij} 和威胁代价 W_{Tij},即

$$W_{ij}=kW_{Lij}+(1-k)W_{Tij},0\leqslant k\leqslant 1 \tag{3.12}$$

式中,k 为安全性能与距离的权重系数。

对于 W_{Lij},当无人机以某一规定速度飞行时,油耗代价与航程成正比,因此可简单地认为有如下关系:

$$W_{Lij} = L_{ij} \tag{3.13}$$

式中，L_{ij} 为该段的航路距离。

对于 W_{Tij}，表明无人机在该段航迹飞行时受到的威胁程度，假设威胁为山峰，则可将威胁代价取为

$$W_{Tij} = \frac{L_{ij}}{\exp[\min(d_i, d_j, d_{ij})/L_{ij}] - 1} \tag{3.14}$$

式中，$d_i(d_j)$ 为可行节点 $p_i(p_j)$ 到所有威胁的最短距离；d_{ij} 为可行节点 p_i 到可行节点 p_j 的航路到所有威胁的最短距离。当 d_i，d_j 和 d_{ij} 的最小值趋于 0 时，即说明有某一个威胁距离趋于 0 或航路段即将撞到山峰时，W_{Tij} 趋于无穷大。

3）为防止航迹迂回，有向图航路段的方向指向目标点方向，而与目标点方向相反的航路的代价定义为无穷大，即 $W_{ij} \to +\infty$。

至此，有向赋权图构造完毕。

几何分析法由于直观、实现简单而应用广泛，但目前几何分析法多停留在二维研究中，对于三维复杂情况研究较少。

3.2.3 shadow 模型法

通常将无人机质心作为坐标原点，东西方向作为 X 轴，南北方向作为 Y 轴，建立直角坐标系。两无人机 U_i，U_j 之间规定的最小水平安全间隔为 L_s，把以无人机为圆心，以 L_s 为直径的圆的范围称为无人机的保护区，如图 3-10 所示。作两条平行于矢量 $\boldsymbol{V}_R(=\boldsymbol{V}_j - \boldsymbol{V}_i)$ 且与无人机 U_j 的保护区圆相切的直线，则在无人机 U_i 的运动方向上形成一块分割域，将它称为无人机 U_j 沿着无人机 U_i 方向运动的影子(shadow)。根据相对运动的物理知识，若将无人机 U_i 看成参照物，则无人机 U_j 相对于无人机 U_i 的运动速度为 $\boldsymbol{V}_R$，即无人机 U_i 静止，无人机 U_j 在影子里移动。因此可得：若无人机 U_i 的保护区与无人机 U_j 的影子有交叉，必然发生冲突。

如图 3-11 所示，过无人机 U_j 保护区分别作相切于无人机 U_i 保护区的前侧与后侧的影子，记为 shadow1 与 shadow2，并记 shadow1 与 X 轴的夹角为 β，shadow2 与 X 轴的夹角为 α。影子与 X 轴的夹角（即相对运动速度 $\boldsymbol{V}_R$ 与 X 轴的夹角）为 θ，则不发生冲突的基本条件为 $\theta \geqslant \alpha$ 或 $\theta \leqslant \beta$。

设无人机 U_j 与 U_i 之间的距离为 D，相对角为 λ，则有

$$\alpha = \lambda + \gamma, \beta = \lambda - \gamma \tag{3.15}$$

式中，$\gamma = \arcsin\left(\frac{2L_s}{D}\right)$。

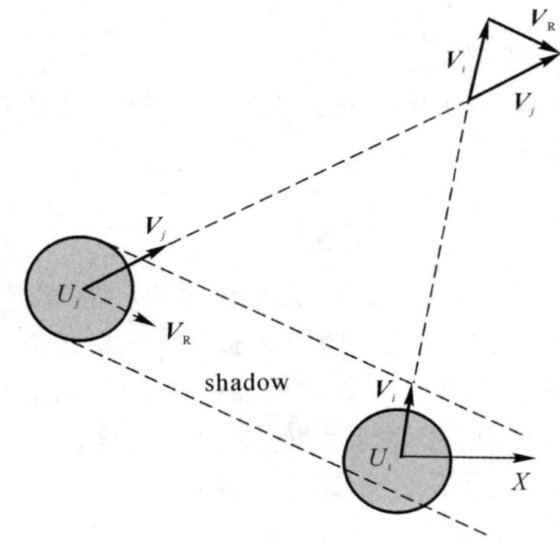

图 3-10　飞行冲突示意图

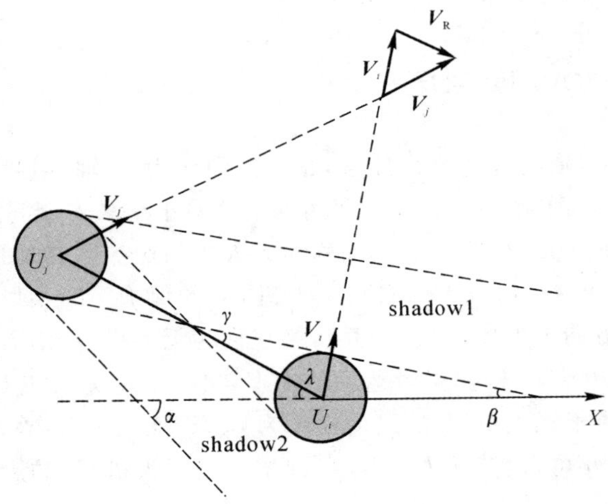

图 3-11　无人机运动的矢量关系图

3.2.4　近地预测告警

无人机与地面碰撞的危险是随着飞行高度的降低而增加的。飞行高度过低，地形起伏变化容易造成无人机撞地事件发生，为避免撞地，无人机需要频繁地进行机动，如果其机动性能达不到要求，无人机很可能撞地而毁。因此可确定一个防碰撞最小离地高度 $\Delta h_{\min}$，当无人机大于或等于此最小离地高度飞行时，

可避免撞地危险，如果小于此最小离地高度，无人机撞地概率将增加。

不同地形地貌区域，由于地形起伏不同，无人机撞地概率不同，最小离地高度也有所不同：地形起伏变化越剧烈，撞地概率越高，最小离地高度值越大；地形越平缓，无人机撞地概率越小，最小离地高度值越小。

无人机可根据飞行区域的地形类型来确定防碰撞最小离地高度，但在只知道地形数据，而不知道地形特征的情况下，可以通过基于邻域方差分析计算的方法，得到无人机在地形上各点的最小离地高度。

对地面高度和障碍物的预测可通过近地告警系统（Ground Proximity Warning System，GPWS）实现。近地告警系统的核心部件是近地告警计算机（Ground Proximity Warning Computer，GPWC），该计算机中存储了各种警告方式的极限数据。计算机从航空器上的其他系统接收航空器实际状态的数据，将存储的极限数据与航空器实际状态的数据相比较，如果实际状态超越了某一种警告方式的极限，计算机就输出相应的音响和目视的控制信号，加给驾驶舱的警告喇叭（地面操纵台），使之发出与方式相关的语音，并加给相关的信号灯，使相应的灯亮，有的还在发动机指示和机组报警系统上显示有关的信息。其报警方式共有七种：

方式1：过大的下降率。在一定的无线电高度上，航空器的下降率超过了允许的极限值时近地警告系统就发出目视和语音信号提醒机组。

方式2：过大的接近地形率。当航空器在上升地形的上空飞行时，如果航空器接近地面的速率过大，就发出目视和语音警告。

方式3：起飞或复飞掉高度太多。在起飞或复飞过程中，由于航空器掉高度影响到安全时，发出警告。

方式4：不在着陆形态时的不安全越障高度。当航空器不在着陆形态，由于下降或地形变化，航空器的越障高度不安全时，向机组发出相应的报警信号。根据襟翼和起落架的位置又分为方式4A和方式4B。

方式5：低于下滑道太多。在正航道进近时，提醒机组航空器在下滑道下方偏离太多。当航空器在进近中，起落架放下，且下降到低于1 000 ft无线电高度时，方式5就处于准备状态。

方式6：无线电高度和决断高度的报告。在着陆过程中，代替人来报告无线电高度及决断高度。

方式7：风切变。方式7是近地警告系统的选装特性。当在起飞或最后进近低于1 500 ft无线电高度，航空器进入风切变警告范围时，就发出风切变警告。

3.2.5 TCAS 预测告警

1. TCAS 对不同类型的空中交通系统的响应

TA(Traffic Advisory,交通咨询)和 RA(Resolution Advisory,决策咨询)是 TCAS 的主要功能。TA 的作用是在一定距离范围内当发现目标的时侯,给予交通提示,对驾驶员提示警戒范围,如图 3－12 所示。在此种 TA/RA 的模式中,防撞系统可以得到两架民机之间最容易发生碰撞的位置交叉点(Closest Point of Approach,CPA)作为其目标距离,根据 TA 交通咨询范围,在到达前 40～45 s发出警报;RA 可以在 TCAS 到达 CPA 前 20～25 s 发出警示,在其目标距离与高度很近的条件下提示飞行员进行相关的操作。

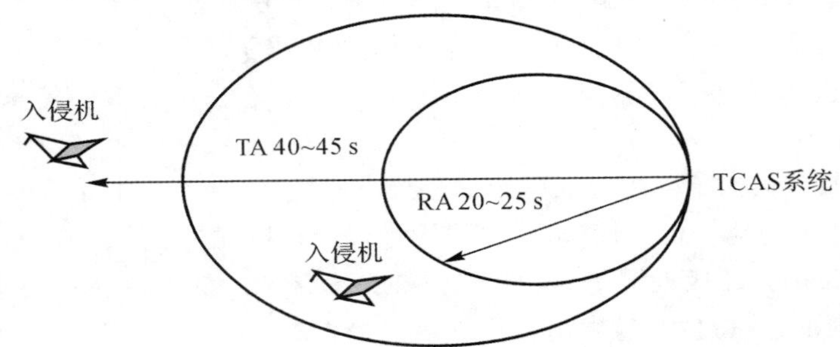

图 3－12　TA 和 RA 作用范围

2. TCAS 的工作过程

地面站 ATC/S 方式与 TCAS 的接收与发送信息的方式基本相同,发射询问信号的频率为 1 030 MHz,接收应答信号的频率为 1 090 MHz,模式 S 询问、模式 C 询问以及侦听成为 TCAS 的三种检测周期的工作方式,如图 3－13 所示。

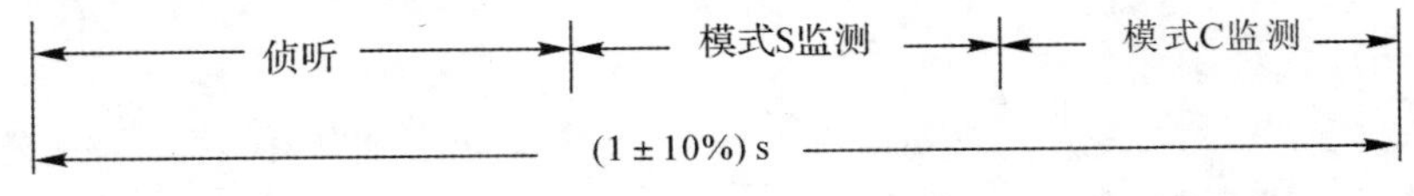

图 3－13　TCAS 工作周期分布

3. TCAS 的探测工作原理

根据对方飞机所带应答机的类型不同,TCAS 的探测方式也存在一定的差

异。下面分别介绍对方飞机带不同类型的应答机，TCAS的探测工作原理。

（1）对方飞机带有S模式应答机或TCAS系统

由于S模式应答机具有选择地址进行通信的特性，因而对装有S模式应答机的飞机，TCAS的监视功能相对简单。S模式应答机以每秒约1次的速率，断续发送间歇振荡信号，该信号中含有发射者的S模式地址。装有TCAS的飞机在监视范围内将接收这些断续发送的强振荡信号并对装有S模式应答机的飞机发出S模式询问。根据回答信号可确定该S模式飞机的距离、方位和高度。根据对方飞机的几次应答可确定对方的高度变化率和距离变化率。换句话说，根据对方报告的高度可确定对方爬升或下降有多快；根据询问和应答之间的来回时间可确定它是否接近或离开监视范围；根据对方的方位变化可确定对方大概的航迹。由此，TCAS计算机可计算出对方飞机的轮廓线和飞行道是否将会导致与自己相撞或接近相撞。然后TCAS在自身飞机轮廓线的基础上，给出合理的防撞措施RA。如果对方飞机带有TCAS系统，每一架飞机都通过S模式应答机向对方发出询问以保证互补决策的选择。如果某架飞机正在发出一个RA，其他飞机就会向那架飞机每秒钟发出一次协调询问。协调询问中包含有飞机打算作的垂直机动等信息。这种信息为互补形式，例如，某一架飞机针对威胁选择了“爬升”RA，在其协调询问中它将向对方发出通知，限制对方的RA只能是“下降”。

（2）对方飞机带有A/C模式应答机

TCAS使用一种修改的C模式询问，即所谓全呼叫C模式询问，以每秒1次的正常速率询问A/C模式应答机。若应答机工作在C模式，其回答信号中包括有高度信息，则TCAS可发布决策信息RA。若工作在A模式，回答信号中没有高度信息，则TCAS不能发布决策信息RA，只能产生交通警戒信息TA。

（3）对方飞机无应答机或应答机不工作

对方飞机无应答机或应答机不工作，它们对TCAS的询问无法作出响应，因此TCAS无法探测该类飞机。

综上所述，TCAS提供的保护等级由对方飞机所带应答机的类型确定。若对方飞机带A模式应答机，则TCAS仅提供交通警戒信息TA；若对方飞机带C模式或S模式应答机，则TCAS既提供交通警戒信息TA，还提供决策信息RA；若两架飞机都带有TCAS设备，则通过S模式应答机交换数据以对冲突进行协调解决；若对方飞机没有装应答机或应答机不工作，则TCAS将无法探测。

3.2.6 小结

本节针对无人机飞行冲突预测这一问题,介绍了一种基于概率分析方法的冲突探测算法来解决平飞阶段中短期和中期的冲突预测问题;通过山峰等威胁的布置情况来绘制 Voronoi 多边形图以求解最优路线,该方法在二维研究中直观简单且应用较广泛;建立了 shadow 模型,得到了两机不发生冲突的基本条件;介绍了近地预测告警系统与 TCAS 告警系统的预测告警方式、工作过程和预测原理。

3.3 无人机飞行冲突解脱

无人机一旦通过预测检测到碰撞冲突,马上通过决策采取相应的碰撞规避机动,并发出恰当的规避导引或机动指令,使飞控系统能够按照指令操纵飞机自主飞行,并摆脱潜在的碰撞。其中包括规避导引控制,合作型机动控制,非合作型机动控制,紧急避撞控制等问题。目前的解脱方法研究主要分为离散型和连续型两类。离散解脱方法,就是将解脱的过程按等时间或等距离划分,然后运用各种离散问题优化方法各段进行优化,以达到总体优化的目的。连续解脱方法则直接考虑飞行轨迹,直接设计出避让的最优飞行轨迹。

3.3.1 离散型方法

离散型方法通过调整计划航路点序列,生成最大可能按预期执行顺序飞行的无冲突航路。N. Durand 等人研究了遗传规避算法,采用离散航路点模型,考虑了飞机速度不确定性导致的误差,该方法易于拓展到三维且不增加复杂性,但精确度有待加强。南京航空航天大学的刘星等人应用遗传算法对自由飞行条件下的冲突探测与规避进行了一定的研究,但对多架航空器的复杂冲突情况研究较少。Durand 运用简单的神经网络来解决两机间的冲突,能考虑到适应性,并能得到满意的结果。神经网络易于通过遗传算法进行学习而不必了解最优解脱,如果新的冲突结构用于遗传算法的每一代,神经网络的适应性就可以得到提高。但神经网络多用于两机冲突,拓展十分困难,三机比两机的学习结构适应性差,而且三机以上的拓展使神经网络的规模增加,学习更困难。

这里介绍一种网格退化与动态规划相结合的方法,分析其在无人机冲突解

脱中的应用。

1. 路径节点生成

网格分解是较早提出的应用于机器人路径规划的一种图论方法。该方法通过多层次分解对活动空间进行基本方格分解，分解策略为将障碍物图形分解成单元网格。若某个网格内的单位方格全在障碍物以外自由空间，则定义此网格为“白”，相反，则定义此网格为“黑”；如果一个网格既有黑又有白，则称之为“灰”；当“灰”网格被选定为路径点时，将再次分解为“白”“黑”与“灰”，直到路径全部经过“白”网格为止。

这里采用三角网格来代替基本方格，将空间进行三角分解。首先将空间分解为有规则、相同大小的三角形基本网格，障碍物也被分解成为许多三角形，通过特定规则网格退化后，障碍物将被完全包含在一个简化的多边形中，这个多边形满足以下几点：由有限的节点和边缘构成；将障碍物完全包含在内部；边缘的长度满足一定的约束条件。而在障碍物以外的自由空间，采用随机分布式节点构成路径节点，从而解决边缘过长的问题，原理如图 3-14 所示。

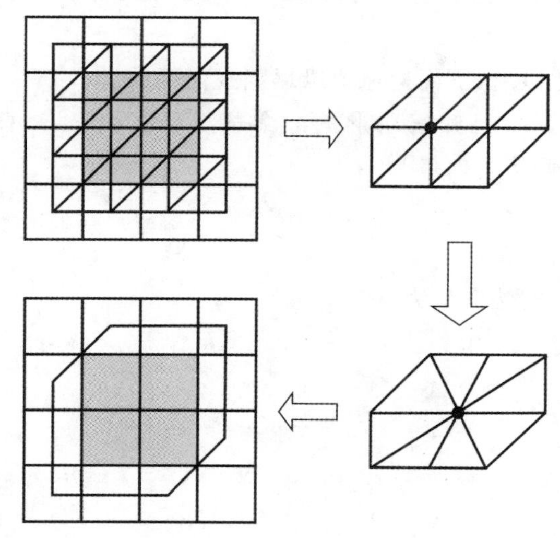

图 3-14　三角形退化

此后，由自由空间中的节点与障碍物边缘的顶点共同组成了路径节点。在确定路径节点后，一条优化而且精确的路径将会从这些节点中萃取出来，而这种路径生成方法的速度，将会远远快于方格分解以及智能全局寻优算法的速度。这是因为路径选取的节点数已经大大减少。此外，三角网格的方法还能够尽量保证障碍物的外形，而自由空间中的随机分布式节点能够保证找到最短路径。

网格退化采用一种如图 3-15 所示的边缘塌陷方法。图中，由节点 p_1 和 p_2 确定的边(p_1，p_2)塌陷后，节点由 p_1 和 p_2 变成了 p，从而图形得到简化。

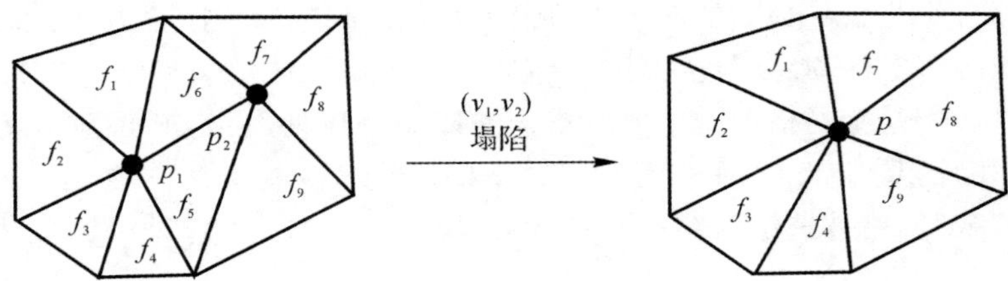

图 3-15 边缘塌陷

而对于一个给定二维空间，在基本网格初始化后，如何进行边缘塌陷与网格退化，才能使得障碍物的边缘顶点满足要求？下面设计一种边缘塌陷方案予以说明。首先，将给定的二维空间(x_i，y_i)转化为三维空间(x_i，y_i，z_i)，三维空间中 x_i 与 y_i 的坐标与二维空间相同，z_i 的选取与二维坐标所确定的位置有关，若(x_i，y_i)在障碍物以外的自由空间，则 $z_i=0$，如果(x_i，y_i)在障碍物内部或边缘，则 $z_i=\sigma$，$\sigma\neq 0$。

经过维数变化以后，下面构造边缘塌陷权值函数。

由几何知识可知，已知三角形的三个顶点(x_1，y_1，z_1)，(x_2，y_2，z_2)，(x_3，y_3，z_3)，可得任意两边的向量为

$$\left.\begin{aligned}\boldsymbol{\alpha}&=[x_2-x_1 \quad y_2-y_1 \quad z_2-z_1]\\ \boldsymbol{\beta}&=[x_3-x_1 \quad y_3-y_1 \quad z_3-z_1]\end{aligned}\right\} \tag{3.16}$$

则三角形平面的法向量为

$$\begin{aligned}\boldsymbol{f}=\boldsymbol{\alpha}\times\boldsymbol{\beta}&=\begin{vmatrix}\boldsymbol{i} & \boldsymbol{j} & \boldsymbol{k}\\ x_2-x_1 & y_2-y_1 & z_2-z_1\\ x_3-x_1 & y_3-y_1 & z_3-z_1\end{vmatrix}\\ &=[(y_2-y_1)(z_3-z_1)-(y_3-y_1)(z_2-z_1)]\boldsymbol{i}-\\ &\quad[(x_2-x_1)(z_3-z_1)-(z_2-z_1)(x_3-x_1)]\boldsymbol{j}+\\ &\quad[(x_2-x_1)(y_3-y_1)-(y_2-y_1)(x_3-x_1)]\boldsymbol{k}\end{aligned} \tag{3.17}$$

令

$$\left.\begin{aligned}A&=(y_2-y_1)(z_3-z_1)-(y_3-y_1)(z_2-z_1)\\ B&=(z_2-z_1)(x_3-x_1)-(x_2-x_1)(z_3-z_1)\\ C&=(x_2-x_1)(y_3-y_1)-(y_2-y_1)(x_3-x_1)\end{aligned}\right\} \tag{3.18}$$

$$D=-(Ax_1+By_1+Cz_1) \tag{3.19}$$

运用空间内点到直线的距离公式,可以构造 $\boldsymbol{K}_f$ 如下(也可适当增加耦合项的权值):

$$\boldsymbol{K}_f=\begin{bmatrix} A^2 & AB & AC & AD \\ AB & B^2 & BC & BD \\ AC & BC & C^2 & D \\ AD & BD & CD & D^2 \end{bmatrix} \tag{3.20}$$

式中,$\boldsymbol{K}_f$ 为三角形的倾斜系数。

针对任一节点构造 $\boldsymbol{Q}_P$ 为

$$\boldsymbol{Q}_P=\sum_{f\subset P}\boldsymbol{K}_f \tag{3.21}$$

式中,$\boldsymbol{Q}_P$ 为与某一节点相关的所有三角形的倾斜系数之和。

构造任意相关节点的边缘塌陷权值函数为

$$\mathrm{cos}t=\boldsymbol{P}^{\mathrm{T}}(\boldsymbol{Q}_{P_1}+\boldsymbol{Q}_{P_2})\boldsymbol{P} \tag{3.22}$$

其中

$$\boldsymbol{P}=\frac{\boldsymbol{P}_1+\boldsymbol{P}_2}{2} \tag{3.23}$$

即两节点 $\boldsymbol{P}_1$ 和 $\boldsymbol{P}_2$ 塌陷后,产生的新节点 $\boldsymbol{P}$ 为 $\boldsymbol{P}_1$ 和 $\boldsymbol{P}_2$ 的中点。

算法流程如下:

第一步:生成初始三角网格,计算网格中每一个节点的 $\boldsymbol{Q}_P$。

第二步:计算每两个节点 $\boldsymbol{P}_1$ 和 $\boldsymbol{P}_2$ 塌陷后的新节点 $\boldsymbol{P}$,并计算边缘塌陷权值函数 $\mathrm{cos}t$。

第三步:取 $\mathrm{cos}t$ 最小值的边开始进行塌陷操作,每塌陷一次,更新所有节点。

第四步:更新节点后,返回第二步,直到 $\mathrm{cos}t$ 的最小值达到限定值即停止塌陷。

第五步:确定障碍物以外的自由空间,产生随机节点,且满足 $d(\boldsymbol{P}_i,\boldsymbol{P}_j)\leqslant\xi$,其中 $d(\boldsymbol{P}_i,\boldsymbol{P}_j)$ 表示任意两个相邻随机点的距离,ξ 为限制参数。

第六步:存储随机节点与边缘顶点作为路径节点。

2. 最短路径生成及路径优化

对于已生成的路径节点,可以采用动态规划法进行解决。为了进一步提升路径生成的速度,采用一种变域动态规划方法,可以有效减少路径节点,从而加快寻优速度。

具体方法为:连接起始点(S)与目标点(T),确定路径方向。在连线周围确

定一个覆盖区域 Ω，覆盖区域内的节点为规划节点。根据需要调整覆盖区域的大小，可得到最优路径。如图 3-16 所示。

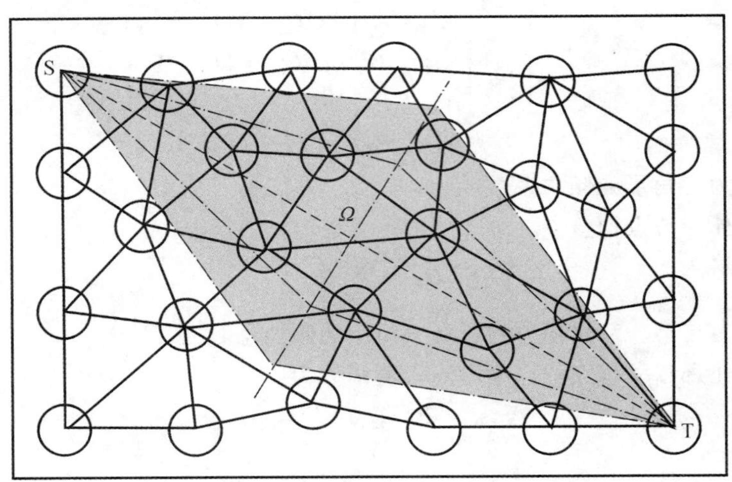

图 3-16　动态规划节点选取

算法流程如下：

第一步：连接起始点(S)与目标点(T)，并确定中心位置及垂直平分线。

第二步：在垂直平分线上，取对称的两点(两点间距离为 2σ)，连接起始点、目标点及两个对称点，构成覆盖区域 Ω。

第三步：选择覆盖区域内的节点进行动态规划，寻找最短路径。若无满足条件的节点，取对称点间距 $2k\sigma, k=1,2,\cdots,n$，并返回第二步。

再根据动态规划，从而得到最短路线及路径节点。

离散型方法能够满足安全距离的要求，但主要缺点是无法保证安全性且无法处理大量飞机间的冲突。

3.3.2　连续型方法

连续型方法主要是调整飞机轨迹使其偏离入侵机的保护区，主要包括势场法、路径规划法、几何算法等。

1. 势场法

势场法利用物理学中吸引和排斥的法则，将无人机的目标航路点视为引力，将入侵机视为斥力，无人机在合力作用下飞行以达到避障目的。K. Sigurd 等人

提出一个引力常量 γ，表示确保无人机安全到达目标航路点的引力最小权重，无人机受到的合力表示为 $\boldsymbol{F}_{合}=\gamma\boldsymbol{F}_{引}+(1-\gamma)\boldsymbol{F}_{斥}$，研究得出 $\gamma=0.66$ 时能够生成快速抵达目标航路点的无碰撞安全航迹。对于引力和斥力相等处局部最小点导致规划失败的问题，J. Y. Liu 等人提出了一种改进的人工势场算法，根据李雅普诺夫稳定性定理促使无人机尽快逃离局部最小点并到达目标航路点。李惠光等人将相对速度矢量引入人工势场，对势场函数进行改进，在新的势场函数作用下，机器人能够快速躲避障碍物并迅速到达目标位置。李春涛等人在速度矢量场的基础上提出了"虚拟目标点法"，克服了容易陷入局部极小值的问题。R. Ghosh 等人采用势能法把每架飞机假设成一个正电粒子，目的地被假设为负电粒子，两飞机间间隔被简化为假设的航空器具有的电荷间的排斥力，速度为常数。但此方法没有建立航空器模型，也没考虑许多约束的实际影响，仅考虑了二维平面内冲突规避情况。在这种方法中，某些电场力是可变参数，因此在一些情况下不是最优的，且由于控制不同方程的复杂性，使得实时计算几乎不可能。M. Eby 采用修正的势能法计算两机间的最小分离时间 T，得出使本机轨迹相切于保护圆的新速度矢量，但并未完全解决冲突，若本机速度方向仍然和入侵机相对，在时间 T 后仍冲突，本机就必须进行连续的一系列动作才能规避，且规避机动是分解为水平和垂直两个方向分别规避的，算法简单但证明复杂。

2. 路径规划法

无人机路径规划就是指根据已知的敌情和地形信息，从出发点到目标点，寻求一条满足无人机飞行性能约束的，生存概率最大，完成任务最佳，综合指标最优的飞行路线。目前，路径规划技术的研究主要工作集中在路径规划算法研究上，研究较多的算法有以下几种。

(1)基于 Voronoi 图的路径规划

Voronoi 图是根据威胁点的位置情况依次作出相邻两个威胁点的中垂线，从而形成围绕各个威胁点的多边形，这个多边形的边界就是所有可飞的路径，然后给出这些边界的权值，最后使用某种优化算法来搜索最优的路径。但其一般只适用于二维情形，将其扩展到三维空间时，空间 Voronoi 图的构造相对比较复杂，且在边界处 Voronoi 图的构建问题不易解决。

(2)动态规划法

动态规划的基本思想是将一个多步最优决策问题转化成多个一步最优决策问题。可以根据导航系统精度和数字地图误差等因素，将搜索空间划分成栅格，以栅格作为动态规划搜索的路径点，用以确定无人机的安全走廊和参考轨迹，求

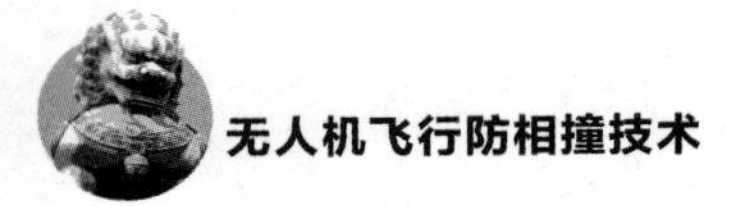

解出来的最优解是由一系列栅格点组成的路径点集合，其缺点是对于大范围的搜索容易出现组合爆炸问题。

(3)A* 搜索算法

A* 算法通过从起始节点出发，不断地寻找有希望以最小代价通向目标点的节点并优先扩展这些能够使目标函数值较小的节点，从而形成一个节点集，则集合内这些节点的有序连接即为所求优化路径。A* 算法的搜索过程实际上是被选节点扩展的过程，它存在一种潜能，可以采用最少的估价源找到最近的优化路径。在确定优化路径后，要进行航迹点的回溯，计算是否满足任务系统中设定的燃油、时间、速度等约束条件(这些约束条件有一定的顺序)。若不能满足所有的约束条件，则规划失败，必须重新规划并修改有关参数。在进行节点扩展时，可以把无人机的飞行性能约束考虑进去，只对满足约束要求的节点进行扩展，这样既缩减了搜索的节点数目，又保证了规划出来的航迹满足无人机的飞行性能要求。

(4)遗传算法

遗传算法提供了一种求解复杂问题的通用框架，它仿效生物的遗传和进化，根据“生存竞争、优胜劣汰”的原则，借助复制、杂交、变异等操作，使所要解决的问题从初始解一步步逼近最优解。其包括五个要素：染色体编码、初始群体、适应度函数、遗传操作和控制参数。遗传算法利用简单的编码技术和繁殖机制来表现复杂的现象，从而解决了非常困难的问题。特别是由于它不受搜索空间的限制性假设的约束，不必要求诸如连续性、导数存在和单峰等假设，以及固有的并行性，因此具有传统优化方法无法比拟的优点，在航迹规划方面得到了广泛应用。需要说明的是，遗传算法作为一种全局最优算法，一般可以很快收敛到最优解附近，但是接近最优解后，收敛速度可能会变得很慢，可以考虑在收敛到次优解后采取其他的搜索技术。

(5)蚁群算法

蚁群算法是模仿蚂蚁活动的新的仿生类算法。作为一种随机优化方法，它吸收了蚂蚁的行为特性，通过其内在的搜索机制，在一系列的困难组合优化问题求解中取得了成效。同样，蚁群算法也不受搜索空间限制性假设的约束，不必要求诸如连续性、导数存在和单峰等假设。另外，蚁群算法的搜索具有良好的动态特性，因而关于蚁群算法在航迹规划中应用的研究较为活跃。

(6)基于粒子群优化(PSO)的航迹规划算法

粒子群优化算法是近年来提出的一种新的基于随机搜索策略的优化计算方法，源于对鸟群寻觅食物过程的模拟。该算法由一组粒子组成，每个粒子都在优化设计空间中进行搜索，并且根据粒子群中适应度最好的个体位置和本个体找

到的适应度最好的位置求解速度大小，搜索其方向，然后根据该速度更新个体的位置。

此外，还有很多其他算法，如贝叶斯优化算法、人工势场法、神经网络法、模拟退火法等。在实际应用时，往往不是使用单一的路径规划算法，而是分阶段使用不同的规划算法。这样既能保证整体航迹在某种性能指标下最优，又便于在复杂环境下实现规划的实时性。

3. 几何算法

几何算法是解决防撞问题最直观的方法，最小接近点法（Point of Closest Approach，PCA）和碰撞锥方法（Collision Cone Approach，CCA）是其应用的典型代表。

PCA 根据无人机与入侵机的当前状态信息计算到达最小接近点的时间 τ 和错开距离矢量 $\boldsymbol{r}_{\mathrm{m}}$，当 $\|\boldsymbol{r}_{\mathrm{m}}\| \leqslant R$（最小安全间隔）且 $\tau > 0$ 时，启动冲突避让。J. W. Park 等提出一种矢量分担解脱方法，综合考虑飞机机动性能和避让效率，速度慢的飞机在相同时间内可以执行更多的避让机动因而分担更多的份额，但不能直接应对两机迎头飞行（$\boldsymbol{r}_{\mathrm{m}} = \boldsymbol{0}$）的特殊情况。

CCA 最初是针对不规则外形的平面运动机器人提出的，后来扩展应用到三维动态环境中的飞机防撞上。CCA 的基本原理是以入侵机为中心设置一个无人机必须避让的球体保护区，由无人机到球体的切线构成碰撞锥，调整无人机相对速度与球相切，求解最优避让机动。目前的安全间隔标准中，水平安全间隔远大于垂直安全间隔，球体模型通常以水平安全间隔为避让半径，将增大避让机动与预定飞行计划的偏离，同时造成垂直方向的空域资源浪费；圆柱体模型相比球体和轴向最小包围盒能更灵活独立地满足水平安全间隔和垂直安全间隔的运行要求。由于无人机垂直方向的机动性能相对水平方向更受限制且风险更高，而三维最优避让机动更倾向于垂直方向，S. C. Han 等人根据无人机飞行高度上下限、最低安全高度、入侵机飞行高度和垂直机动性能等因素设定垂直机动加权系数，综合平衡避让机动的最优性和安全性。

几何算法直观简单、计算成本低，无论入侵机是否协同避让都能求解三维飞行环境中的最优避让机动，但大都针对两机冲突的一对一避让。随着入侵机的增加，重复检查每架入侵机的计算量相当庞大，当遭遇密集的多机冲突时，一对一避让将不再适用。J.W.Park 等人提出了一种多机防撞理念，合并两架入侵机的保护区计算其几何中心，从而转化为两机冲突。A.L.Smith 等人研究了允许无人机同时探测避让多架入侵机的聚合碰撞锥方法，并首次开展多机三维几何防撞飞行试验验证了算法的有效性。

Hyo-Sang Shin 等人用几何分析方法对只控制航向角的冲突规避方法的实用性和稳定性进行了分析，考虑了二维水平情况。Bilimoria 等人使用几何最优法，以入侵机为原点修正本机速度和位置，速度矢量和保护圆相交则冲突，选择改变方向角使速度和圆相切，在二维平面内对无人机碰撞探测和规避进行了研究。G. Dowek 等人提出了用于三维空间的碰撞规避算法，其中规避机动由本机执行，能在没有入侵机配合的情况下有效保持所需的最小间隔，算法的输入是状态信息，输出是一组解决方法，每个方案只修改本机的一个状态参数，但该方法是基于模式选择的，执行起来不够灵活。

3.3.3 冲突解脱模型

冲突解脱模型是用来对各种飞行冲突解脱问题进行研究的基础。冲突解脱模型所研究的是预测到航空器在空中将发生碰撞或者彼此之间距离将小于安全间隔等情况。它以飞行中的时间与空间要素为计算参数，结合每个航空器的运动轨迹方程来进行分析。飞行动力学中常用的坐标系有机体坐标系、速度坐标系、地面坐标系、航迹坐标系等。

航空器的升力、阻力和发动机推力一般都不通过航空器的质心，因而会产生绕质心的力矩。但假定通过驾驶员操纵舵面使力矩保持平衡，并忽略由于舵面偏转所引起的气动力变化，可以认为这三个力都通过质心。其中，发动机推力矢量 $\boldsymbol{p}$ 处在航空器对称平面内，与机体轴 x_t 同方向且推力线恰好通过航空器质心。因此，发动机推力矢量 $\boldsymbol{p}$ 在机体坐标系中的表达式即为

$$\begin{bmatrix}\boldsymbol{p}_{xt}\\ \boldsymbol{p}_{yt}\\ \boldsymbol{p}_{zt}\end{bmatrix}=\begin{bmatrix}\boldsymbol{p}\\ \boldsymbol{0}\\ \boldsymbol{0}\end{bmatrix} \tag{3.24}$$

空气动力 $\boldsymbol{R}$ 取决于航空器的飞行高度、速度、迎角以及侧滑角等参量，空气动力的大小一般写为

$$R=\frac{1}{2}\rho v^2 SC_R \tag{3.25}$$

式中，S 为机翼面积；v 为航空器的飞行速度；C_R 为空气动力合力系数；ρ 为大气密度，海平面标准大气密度为 $\rho_0=1.225\ 0\ \mathrm{kg/m^3}$，随着高度的升高，大气密度也在不断变化，当高度 $H\leqslant 11\ 000\ \mathrm{m}$ 时，$\rho=1.225\ 0(1-2.255\ 77\times 10^{-5}H)^{4.255\ 88}\ \mathrm{kg/m^3}$。

空气动力 $\boldsymbol{R}$ 在气流坐标系中的表达式为

$$\begin{bmatrix} \boldsymbol{R}_{xq} \\ \boldsymbol{R}_{yq} \\ \boldsymbol{R}_{zq} \end{bmatrix} = \begin{bmatrix} -\boldsymbol{Q} \\ \boldsymbol{0} \\ \boldsymbol{Y} \end{bmatrix} \tag{3.26}$$

式中,$\boldsymbol{Q}$ 为阻力;$\boldsymbol{Y}$ 为升力。

重力 $\boldsymbol{G}$ 在平面平行重力场中沿着地面坐标系 Z_d 的负向,则重力在地面坐标系中的表达式为

$$\begin{bmatrix} \boldsymbol{G}_{xd} \\ \boldsymbol{G}_{yd} \\ \boldsymbol{G}_{zd} \end{bmatrix} = \begin{bmatrix} \boldsymbol{0} \\ \boldsymbol{0} \\ -\boldsymbol{G} \end{bmatrix} \tag{3.27}$$

根据各坐标系的相互关系利用坐标变换,可得合外力矢量 $\boldsymbol{F}$ 在航迹坐标系中的表达式为

$$\begin{bmatrix} \boldsymbol{F}_{xh} \\ \boldsymbol{F}_{yh} \\ \boldsymbol{F}_{zh} \end{bmatrix} = \begin{bmatrix} \boldsymbol{P}\cos\alpha - \boldsymbol{Q} - \boldsymbol{G}\sin\theta \\ \boldsymbol{P}\sin\alpha\sin\gamma + \boldsymbol{Y}\sin\gamma \\ \boldsymbol{P}\sin\alpha\cos\gamma + \boldsymbol{Y}\cos\gamma - \boldsymbol{G}\cos\theta \end{bmatrix} \tag{3.28}$$

角度 α 一般不太大,在工程计算中常设 $\cos\alpha = 1$,并略去 $\boldsymbol{P}\sin\alpha$ 项。于是方程化简为

$$\begin{bmatrix} \boldsymbol{F}_{xh} \\ \boldsymbol{F}_{yh} \\ \boldsymbol{F}_{zh} \end{bmatrix} = \begin{bmatrix} \boldsymbol{P} - \boldsymbol{Q} - \boldsymbol{G}\sin\theta \\ \boldsymbol{Y}\sin\gamma \\ \boldsymbol{Y}\cos\gamma - \boldsymbol{G}\cos\theta \end{bmatrix} \tag{3.29}$$

根据理论力学的质心运动定律,质点的质量与质心的加速度的乘积,等于该质点所受外力的矢量和,即

$$m\boldsymbol{a} = \sum \boldsymbol{F} \tag{3.30}$$

刚体质心的绝对加速度等于质心的绝对速度对时间的导数,即

$$\boldsymbol{a} = \frac{\mathrm{d}\boldsymbol{v}}{\mathrm{d}t} \tag{3.31}$$

按矢量微分法,有

$$\frac{\mathrm{d}\boldsymbol{v}}{\mathrm{d}t} = \frac{\delta \boldsymbol{v}}{\delta t} + \boldsymbol{\omega} \times \boldsymbol{v} \tag{3.32}$$

式中,$\frac{\mathrm{d}\boldsymbol{v}}{\mathrm{d}t}$ 称为绝对导数,相当于在地面坐标系上的速度变化率;$\frac{\delta \boldsymbol{v}}{\delta t}$ 称为相对导数,相当于在航迹坐标系上的速度变化率;$\boldsymbol{\omega} \times \boldsymbol{v}$ 是由于航迹坐标系以角速度 $\boldsymbol{\omega}$ 旋转造成的加速度。

显然

$$\boldsymbol{\omega} \times \boldsymbol{v} = (v_z\omega_y - v_y\omega_z)\boldsymbol{i} + (v_x\omega_z - v_z\omega_x)\boldsymbol{j} + (v_y\omega_x - v_x\omega_y)\boldsymbol{k} \tag{3.33}$$

所以

$$m\left[\left(\frac{\mathrm{d}v_x}{\mathrm{d}t}+v_z\omega_y-v_y\omega_z\right)\boldsymbol{i}+\left(\frac{\mathrm{d}v_y}{\mathrm{d}t}+v_x\omega_z-v_z\omega_x\right)\boldsymbol{j}+\left(\frac{\mathrm{d}v_z}{\mathrm{d}t}v_y\omega_x-v_x\omega_y\right)\boldsymbol{k}\right]=F_x\boldsymbol{i}+F_y\boldsymbol{j}+F_z\boldsymbol{k} \tag{3.34}$$

根据航迹坐标系的定义，航空器质心速度矢量 $\boldsymbol{v}$ 就沿着 x_h 轴的正向，则飞行速度矢量 $\boldsymbol{v}$ 在航迹坐标系上的表达式为

$$\begin{bmatrix}\boldsymbol{v}_{xh}\\ \boldsymbol{v}_{yh}\\ \boldsymbol{v}_{zh}\end{bmatrix}=\begin{bmatrix}\boldsymbol{v}\\ \boldsymbol{0}\\ \boldsymbol{0}\end{bmatrix} \tag{3.35}$$

航迹坐标系相对地面坐标系的转动角速度 $\boldsymbol{\omega}_h$ 在航迹坐标系上的表达式为

$$\begin{bmatrix}\omega_{xh}\\ \omega_{yh}\\ \omega_{zh}\end{bmatrix}=\begin{bmatrix}\varphi\sin\theta\\ -\theta\\ \varphi\cos\theta\end{bmatrix} \tag{3.36}$$

式中，φ 为航向角；θ 为俯仰角。

综合式(3.29)、式(3.34) ～ 式(3.36)，可得航空器质心动力学方程：

$$\left.\begin{aligned}m\frac{\mathrm{d}\boldsymbol{v}}{\mathrm{d}t}&=\boldsymbol{P}-\boldsymbol{Q}-\boldsymbol{G}\sin\theta\\ m\boldsymbol{v}\cos\theta\frac{\mathrm{d}\varphi}{\mathrm{d}t}&=\boldsymbol{Y}\sin\gamma\\ m\boldsymbol{v}\frac{\mathrm{d}\theta}{\mathrm{d}t}&=\boldsymbol{Y}\cos\gamma-\boldsymbol{G}\cos\theta\end{aligned}\right\} \tag{3.37}$$

航空器质心相对于地面坐标系的运行速度描述了航空器质心位置随时间的变化规律。根据航迹坐标系与地面坐标系的关系，可以得到

$$\begin{bmatrix}\boldsymbol{v}_{xd}\\ \boldsymbol{v}_{yd}\\ \boldsymbol{v}_{zd}\end{bmatrix}=\begin{bmatrix}\boldsymbol{v}\cos\theta\cos\varphi\\ \boldsymbol{v}\cos\theta\sin\varphi\\ \boldsymbol{v}\sin\theta\end{bmatrix} \tag{3.38}$$

而

$$\begin{bmatrix}\boldsymbol{v}_{xd}\\ \boldsymbol{v}_{yd}\\ \boldsymbol{v}_{zd}\end{bmatrix}=\begin{bmatrix}\dfrac{\mathrm{d}\boldsymbol{x}_d}{\mathrm{d}t}\\ \dfrac{\mathrm{d}\boldsymbol{y}_d}{\mathrm{d}t}\\ \dfrac{\mathrm{d}\boldsymbol{z}_d}{\mathrm{d}t}\end{bmatrix} \tag{3.39}$$

综合式(3.38)、式(3.39)，可得航空器质心运动学方程：

$$\left.\begin{aligned}\frac{\mathrm{d}\boldsymbol{x}_d}{\mathrm{d}t}&=\boldsymbol{v}\cos\theta\cos\varphi\\\frac{\mathrm{d}\boldsymbol{y}_d}{\mathrm{d}t}&=\boldsymbol{v}\cos\theta\sin\varphi\\\frac{\mathrm{d}\boldsymbol{z}_d}{\mathrm{d}t}&=\boldsymbol{v}\sin\theta\end{aligned}\right\}\tag{3.40}$$

综合式(3.27)、式(3.40)即得到航空器质心综合运动方程

$$\left.\begin{aligned}\frac{\mathrm{d}\boldsymbol{x}_d}{\mathrm{d}t}&=\boldsymbol{v}\cos\theta\cos\varphi\\\frac{\mathrm{d}\boldsymbol{y}_d}{\mathrm{d}t}&=\boldsymbol{v}\cos\theta\sin\varphi\\\frac{\mathrm{d}\boldsymbol{z}_d}{\mathrm{d}t}&=\boldsymbol{v}\sin\theta\\m\frac{\mathrm{d}\boldsymbol{v}}{\mathrm{d}t}&=\boldsymbol{P}-\boldsymbol{Q}-\boldsymbol{G}\sin\theta\\m\boldsymbol{v}\cos\theta\frac{\mathrm{d}\varphi}{\mathrm{d}t}&=\boldsymbol{Y}\sin\gamma\\m\boldsymbol{v}\frac{\mathrm{d}\theta}{\mathrm{d}t}&=\boldsymbol{Y}\cos\gamma-\boldsymbol{G}\cos\theta\end{aligned}\right\}\tag{3.41}$$

冲突解脱模型以航空器的运动方程为基础，为了有利于分析，但又不失一般性，对式(3.41)进行一定程度的简化。

φ，θ 是不可瞬时变化的，所以在设计的时候加入延时环节，即

$$\dot{\varphi}=\frac{k_1u_1-\varphi}{T_1}\tag{3.42}$$

$$\dot{\theta}=\frac{k_2u_2-\theta}{T_2}\tag{3.43}$$

式中，k_1，k_2 为放大比例；T_1，T_2 为采样周期。

从而可以得到航空器1的运动方程为

$$\left.\begin{aligned}\dot{\boldsymbol{x}}_1&=\boldsymbol{v}_1\cos\theta_1\cos\varphi_1\\\dot{\boldsymbol{y}}_1&=\boldsymbol{v}_1\cos\theta_1\sin\varphi_1\\\dot{\boldsymbol{z}}_1&=\boldsymbol{v}_1\sin\theta_1\\\dot{\boldsymbol{v}}_1&=\frac{\boldsymbol{P}_1-\boldsymbol{Q}_1-\boldsymbol{G}_1\sin\theta_1}{m_1}\\\dot{\varphi}_1&=\frac{k_{11}u_{11}-\varphi_1}{T_{11}}\\\dot{\theta}_1&=\frac{k_{12}u_{12}-\theta_1}{T_{12}}\end{aligned}\right\}\tag{3.44}$$

式中，(x_1, y_1, z_1) 为航空器 1 的位置坐标；$\boldsymbol{v}_1$ 为飞行速度；φ_1 为航向角；θ_1 为航迹倾斜角；$\boldsymbol{P}_1$ 为推力；$\boldsymbol{Q}_1$ 为阻力；$\boldsymbol{G}_1$ 为航空器的重力；$(k_{11}, k_{12}, T_{11}, T_{12})$ 为控制系数；(u_{11}, u_{12}) 为控制量。

在两机冲突解脱问题研究过程中，假设其中一架航空器运动轨迹不变，即按原航迹进行飞行，而另一架以这架不变的航空器为参照来设计自身的避让轨迹。

这里假如以航空器 2 为坐标原点，建立两架航空器的相对坐标系。在这个坐标系中，航空器 2 位于坐标系的原点，航空器 1 的轨迹相对航空器 2 的轨迹方程如下：

$$\begin{bmatrix} \boldsymbol{x}'(t) \\ \boldsymbol{y}'(t) \\ \boldsymbol{z}'(t) \end{bmatrix} = \begin{bmatrix} \boldsymbol{x}_1(t) - \boldsymbol{x}_2(t) \\ \boldsymbol{y}_1(t) - \boldsymbol{y}_2(t) \\ \boldsymbol{z}_1(t) - \boldsymbol{z}_2(t) \end{bmatrix} \tag{3.45}$$

那么，航空器 1 在航空器 2 相对坐标系下的相对运动方程组可表示为

$$\left.\begin{aligned} \boldsymbol{x}'(t) &= \boldsymbol{v}_1 \cos\theta_1 \cos\varphi_1 - \boldsymbol{v}_2 \cos\theta_2 \cos\varphi_2 \\ \boldsymbol{y}'(t) &= \boldsymbol{v}_1 \cos\theta_1 \sin\varphi_1 - \boldsymbol{v}_2 \cos\theta_2 \sin\varphi_2 \\ \boldsymbol{z}'(t) &= \boldsymbol{v}_1 \sin\theta_1 - \boldsymbol{v}_2 \sin\theta_2 \end{aligned}\right\} \tag{3.46}$$

式中，$(\boldsymbol{x}', \boldsymbol{y}', \boldsymbol{z}')$ 为在相对坐标系下航空器 1 的飞行参数。

并且假设航空器 2 按照原轨迹进行飞行，则航空器 2 的相关飞行参数$(\boldsymbol{v}_2, \theta_2, \varphi_2)$可以认为是不变的，设 $\boldsymbol{a} = \boldsymbol{v}_2 \cos\theta_2 \cos\varphi_2$，$\boldsymbol{b} = \boldsymbol{v}_2 \cos\theta_2 \sin\varphi_2$，$\boldsymbol{c} = \boldsymbol{v}_2 \sin\theta_2$。

由式(3.44)和式(3.46)可以得到：

$$\left.\begin{aligned} \dot{\boldsymbol{x}}' &= \boldsymbol{v}_1 \cos\theta_1 \cos\varphi_1 - \boldsymbol{a} \\ \dot{\boldsymbol{y}}' &= \boldsymbol{v}_1 \cos\theta_1 \sin\varphi_1 - \boldsymbol{b} \\ \dot{\boldsymbol{z}}' &= \boldsymbol{v}_1 \sin\theta_1 - \boldsymbol{c} \\ \dot{\boldsymbol{v}}_1 &= \frac{\boldsymbol{P}_1 - \boldsymbol{Q}_1 - \boldsymbol{G}_1 \sin\theta_1}{\boldsymbol{m}_1} \\ \dot{\varphi}_1 &= \frac{k_{11} u_{11} - \varphi_1}{T_{11}} \\ \dot{\theta}_1 &= \frac{k_{12} u_{12} - \theta_1}{T_{12}} \end{aligned}\right\} \tag{3.47}$$

将 $\boldsymbol{\xi} = [x' \quad y' \quad z' \quad v_1 \quad \varphi_1 \quad \theta_1]^{\mathrm{T}}$ 作为状况量，将 $\boldsymbol{u} = [p_1 \quad u_{11} \quad u_{12}]^{\mathrm{T}}$ 作为控制量；其他可视为常量，则航空器 1 相对于航空器 2 的飞行状态方程可转变为下面的矩阵形式：

$$
\begin{bmatrix} \dot{x}' \\ \dot{y}' \\ \dot{z}' \\ \dot{v}_1 \\ \dot{\varphi}_1 \\ \dot{\theta}_1 \end{bmatrix} = \begin{bmatrix} \boldsymbol{v}_1 \cos\theta_1 \cos\varphi_1 - \boldsymbol{a} \\ \boldsymbol{v}_1 \cos\theta_1 \sin\varphi_1 - \boldsymbol{b} \\ \boldsymbol{v}_1 \sin\theta_1 - \boldsymbol{c} \\ \dfrac{-\boldsymbol{Q}_1 - \boldsymbol{G}_1 \sin\theta_1}{m_1} \\ \dfrac{-\varphi_1}{T_{11}} \\ \dfrac{-\theta_1}{T_{12}} \end{bmatrix} + \begin{bmatrix} 0 & 0 & 0 \\ 0 & 0 & 0 \\ 0 & 0 & 0 \\ \dfrac{1}{m_1} & 0 & 0 \\ 0 & \dfrac{k_{11}}{T_{11}} & 0 \\ 0 & 0 & \dfrac{k_{12}}{T_{12}} \end{bmatrix} \begin{bmatrix} p_1 \\ u_{11} \\ u_{12} \end{bmatrix} \tag{3.48}
$$

这里就将式(3.48)定义为两机冲突解脱的运动模型。运用前面提到的相关方法对式(3.48)进行分析就能得到相应的冲突解脱策略。

3.3.4 小结

无人机一旦检测到冲突后必须采取相应的碰撞规避机动来解脱冲突，针对无人机的飞行冲突解脱问题，本节分析了离散型与连续型这两种最常用的方法。离散型方法有遗传规避算法和神经网络算法等，连续型方法主要包括势场法、路径规划法和几何方法等。建立了冲突解脱的模型，运用上述方法即可有效地解决无人机的飞行冲突问题。

第4章 空管态势信息融合显示技术

雷达数据处理系统作为空管系统中的核心组成部分，受到了世界各国空管部门的高度重视。当前，雷达监视数据是了解飞机实时态势情况最主要的数据来源。

ADS-B技术具有使用成本低、精度高、监视能力强等优势，具有非常广阔的应用前景，大有取代传统监视雷达之势，并且目前在全球很多国家和地区已经安装并投入使用。本书中的空管态势信息融合显示指将ADS-B与雷达数据进行融合，并在空管信息系统中进行显示。

ADS-B与雷达数据融合的目的，是要将ADS-B和不同雷达对同一目标的监视数据组合起来，建立每一个目标的系统航迹，以实现对目标更大范围、更高精度的监视，提高系统的可靠性，增加空域容量，从而提高飞行的安全性和空域的利用率。ADS-B和雷达融合数据可以从宏观上把握空中飞行状态，实现对飞机的全程监控，降低目标或事件的不确定性，减少数据的模糊性；并且多源的数据相互配合使用，具有内在的冗余度，对同一目标进行判决和确认，能提高监视的可靠性。这样就能扩大监视范围，实现多重覆盖，降低漏检率和虚警率，提高目标定位精度，从而在增加空域容量的同时保证足够的安全性。

4.1 数据融合理论

数据融合首先是从军事领域发展起来的，现在已经广泛地应用于军事以及民用领域，如：目标跟踪、战场监视和防御、空中交通管理、医学诊断、遥感、工业生产过程监控等，通过融合多个传感器的数据，达到提高数据精度和有效性的目的。

多传感器数据融合技术正在飞速发展，目前正在进行的研究包括开发新的算法、改进已有算法、将现有技术加以集成以形成一种能够处理各种数据融合应用的通用体系结构。

4.1.1 数据融合的定义

从军事应用的角度看，数据融合就是人们通过各个传感器对空间分布的多源信息进行检测、相关、估计和组合的过程，以较高的概率和精度得到人们所需要目标的状态估计和身份信息，进而进行准确的态势和威胁评估，并且提供有效的决策信息。

从最一般的意义上讲，数据融合就是一个数据或者信息的综合过程，用来估计或者预测实体的状态。

人类以及其他生物系统中都普遍存在数据融合的功能，数据融合可以看成是模拟人脑综合处理问题的一个过程。多传感器数据融合就是要充分利用多个传感器提供的丰富的资源和可能具有不同特征的信息，通过对各个传感器观测信息的提取和综合利用，产生对观测信息的完整和准确的描述，这是最佳协同作用的结果。数据融合的目的就是通过联合多个传感器的观测值，来提高整个传感器系统的有效性，得到更多、更精确的目标信息。

4.1.2 数据融合的主要技术

目前数据融合的技术主要有下述几种。

1. 经典推理和统计法

经典推理和统计方法是在已知先验概率的情况下，求所观察事件的概率。它是建立在牢固的数学基础之上的，但其存在严重不足：

1)先验概率往往是不确知的；

2)在一个时刻只有估计二值假设的能力；

3)对多变量情况，复杂性呈指数增加；

4)不存在先验似然估计的优点。

2. 贝叶斯推理法

贝叶斯推理解决了部分经典推理和统计法中的问题，但其依然存在一定的不足：

1)定义先验似然函数困难；

2)在存在多个潜在假设和多个条件独立事件时，比较复杂；

3)要求有些假设是互斥的；

4)缺乏解决不确定性问题的通用能力。

3. 模糊集理论

模糊集理论用广义集合论，在指定集合中确定实体的数目，广泛地应用于决策分析，包括不确定事件的决策分析中。模糊集理论在多传感器数据关联、目标跟踪、态势评估和威胁评估等领域中有着非常好的应用前景。

4. 估值理论

估计理论的应用领域非常广泛，包括雷达、通信、导航、电子战和工业控制等。它所采用的技术比较成熟，包括最大似然估计、$\alpha-\beta$ 滤波、卡尔曼滤波、加权最小二乘和贝叶斯估计，在已知噪声的情况下，可获得最优估计。

5. 人工神经网络技术

人工神经元网络技术主要用于识别与分类。

6. 专家系统或人工智能

专家系统在数据融合领域有着广泛的应用，其中主要是黑板系统。

7. 聚类分析

聚类分析是一种用途广泛的算法，在多传感器数据融合领域，它主要用于数据关联和身份融合等方面。聚类分析在指纹和广义观察数据分析方面，也有非常广泛的应用。

4.1.3 数据融合的通用模型

数据融合应用在不同的领域，所用的模型可能也不一样。美国军事实验室联合会(JDL)数据融合工作小组为了加强军事研究人员与系统开发人员的沟通，给出了一个数据融合处理的通用模型。该模型分为传感器输入、人机交互、数据库管理、预处理四级。JDL 融合模型确定了适用于数据融合的过程、功能、技术种类和特定技术，它是一个有效的、跨多个应用领域的模型，如图 4 - 1 所示。

第一级处理(目标优化)：包括数据的时空校准、数据关联，目标的跟踪和身份的识别。目标优化的目的是结合各传感器接收到的数据对目标进行状态和身份的最优估计。

第二级处理(态势评估)：包括态势的提取、分析和预测。态势评估的目的是动态地描述环境中物体和事件间的关系。

第三级处理(威胁估计)：威胁估计是基于当前的态势，对未来一段时间内关于敌方威胁、我方薄弱点和作战行动发生的可能性等做出的推断。

第四级处理(优化融合)：优化融合主要指优化利用资源和优化传感器的管理，对数据融合全过程进行监控，来提高融合效果。

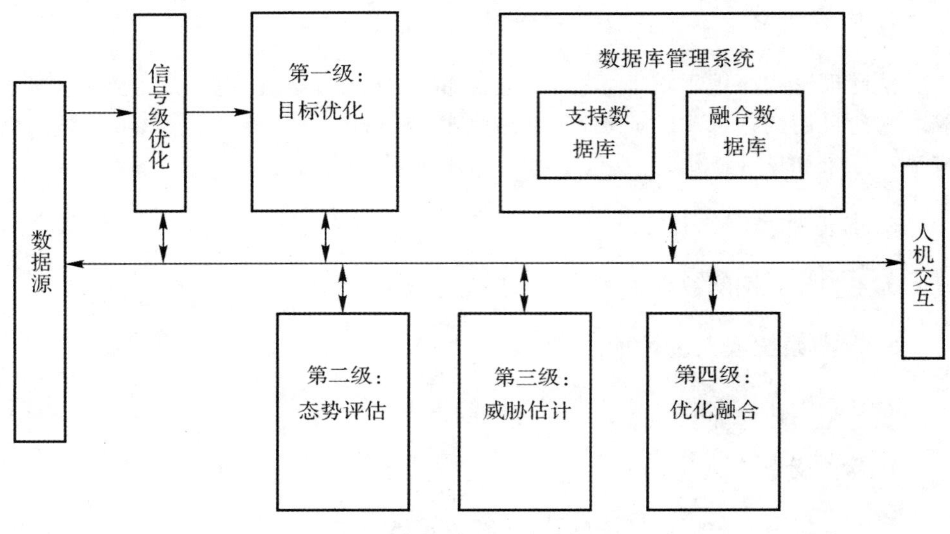

图 4－1 数据融合的一般模型

4.2 空管态势信息融合显示实现

针对新航行系统，应用于空管自动化系统的监视技术主要是雷达、ADS－B。雷达包括一次雷达、二次雷达，目前以二次雷达为主。由于二次雷达包含更丰富的目标信息，因此空管系统中使用的主要是二次雷达。ADS－B 是装备 GPS 接收机的航空器、机场活动区车辆和其他物体依靠 GPS 来确定精确位置，通过数据链以广播模式自动发出或者接收状态信息以及标识信息的一种监视技术。

4.2.1 空管二次雷达

空管二次雷达(Secondary Surveillance Radar，SSR)，也叫做空管雷达信标系统(Air Traffic Control Radar Beacon System，ATCRBS)。它最初是在空战中为了使雷达分辨出敌我双方的飞机而发展的敌我识别系统，当把这个系统的基本原理和部件经过发展用于民航的空中交通管制后，就成了二次雷达系统。

空管二次雷达系统组成如图 4－2 所示，主要包括机载设备和地面系统两部

分。地面系统主要是地面雷达站和空管控制中心，雷达站又主要包括地面天线系统和询问/应答处理器(也称发射-接收机)。地面雷达站用来发射上行询问信号；机载设备主要是机载异频收发机，通常安装在飞机机身的下部，用于接收询问信号并产生应答信号；空管控制中心接收应答信号并进行处理，最终显示飞机信息。

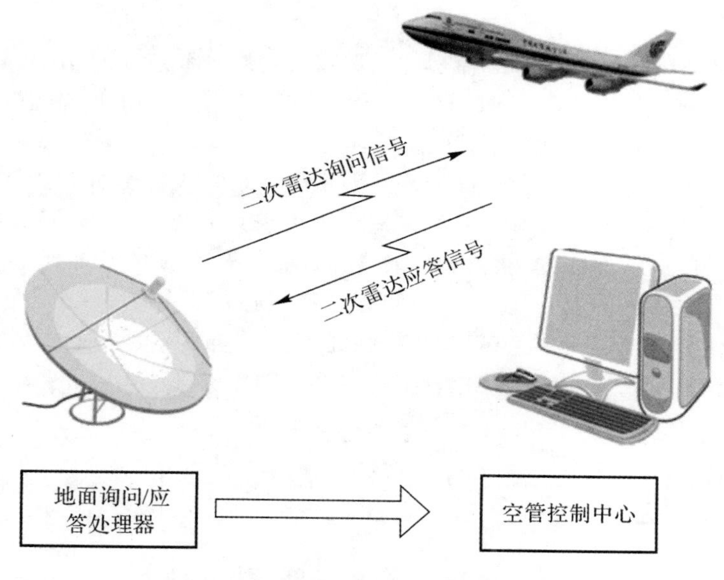

图 4-2 空管二次雷达系统组成

空管二次雷达的工作过程：地面雷达站的天线发射频率为 1 030 MHz 的询问脉冲信号，飞机上的异频收发机接收并确认该询问信号，并以对应模式，通过全向天线发射频率为 1 090 MHz 的一组应答脉冲信号，应答信号中包括飞机的飞行高度、飞行速度和飞机航班代码、航班号等信息。该应答信号被地面雷达站的天线系统接收到以后，送至询问/应答机处理器，检测到飞机后通过应答解码确定飞机的识别码以及飞机高度码，再计算出飞机距离、方位，然后将数据形成飞机的点迹报告和航迹报告，通过信号传输线路送至空管中心；飞机报告以图像的形式显示在空管控制中心的控制台屏幕，图像信息包括飞机的位置、识别码和高度等。空管人员就可以按照监视情况而做出正确有效的指挥，既保证了航班的正常运行，也将可能发生的问题降到了最低。

二次雷达主要用于航线监视和航空港终端区域监视。对于作为航线监视的二次雷达，主要要求作用距离远，通常要求能覆盖半径 370 km、高度 15 km 的空域，并要求有较好的方位精度。当方位误差为 $\Delta\theta$、距离为 R 时，目标偏移天线轴中心线的误差 ΔL 表示为

$$\Delta L = R\tan\Delta\theta \approx R\Delta\theta \tag{4.1}$$

由式(4.1)可知，当 $\Delta\theta$ 一定时，R 值越大，ΔL 就越大；若要 R 较大时，ΔL 不至太大而偏移出航线，就必须减小 $\Delta\theta$，即减小天线水平波束宽度，一般情况 $\Delta\theta$ 为 2.2°左右。

对于作为航空港终端区域监视的二次雷达，对其作用距离要求不高，一般为 140 km；对水平波束宽度要求也较低，一般为 4.4°左右。但由于航空港终端区域飞机密度较大，为确保航管的可靠性，要求终端监视二次雷达具有较高的数据传输速率和较高的天线转速及较高的重复频率。但是天线转速加快也会导致波束宽度内目标应答的回波数减少。所以适当增大波束宽度，来保证扫描时波束宽度内有足够的脉冲回波数进行积累，通常保证波束宽度内有 10～30 次询问。

空管二次雷达的航迹处理过程：空管二次雷达数据控制系统提供管制员或者系统操作员直接进行交互操作的界面，是整个综合显示系统的重要组成部分之一。综合显示系统与雷达监控系统的关系如图 4-3 所示。

图 4-3　综合显示系统与雷达监控系统的关系图

空管二次雷达数据控制系统主要完成数据通信、目标识别、数据管理与回放、输出控制、信息显示等相关任务。数据控制系统工作过程可分为接收数据、帧头判断、数据处理、数据显示、数据记录、输出控制和数据转发等，具体如下：①接收程序接收二次雷达数据包；②帧头判断程序对此数据包进行帧头和长度判断，剔除不符合二次雷达数据格式的数据；③对收到的二次雷达数据进行相应的状态信息提取；④将解析出的状态信息写入记录文档；⑤控制此数据包是否转发，默认状态下是不转发；⑥判断此数据包是否转发；⑦如果转发，在状态信息区显示状态信息；⑧数据转发程序把数据包发送到综合显示系统。其处理流程图如图 4-4 所示。

完成空管二次雷达数据处理后，系统可以获得有效的目标点迹信息，而后要对这些点迹信息进行航迹处理。航迹处理的目的是从二次雷达点迹中找出目标的运动轨迹并对目标的运动进行跟踪与预测。空管二次雷达航迹处理包括航迹

起始、航迹数据关联和航迹跟踪滤波。雷达航迹起始的工作是从众多的点迹中建立目标运动的航迹。雷达航迹数据关联决定如何从多个候选回波中找出最可能的那个回波作为目标点。雷达航迹跟踪滤波根据已有的航迹推测下一个目标点的位置。

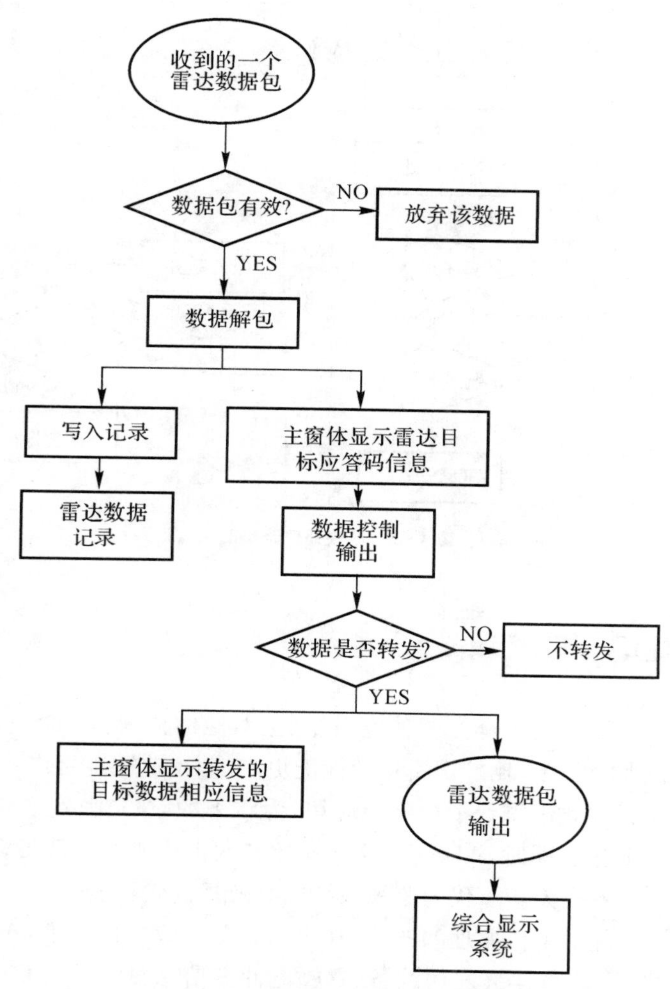

图 4-4　空管二次雷达数据包交互式处理流程图

如图 4-5 所示，航迹处理流程主要包括数据解包、预处理、航迹起始、航迹关联、航迹更新、航迹预测等，针对不同目标数据特点（雷达询问模式）分别建立目标信息处理分支，尽可能地考虑目标数据的特点。

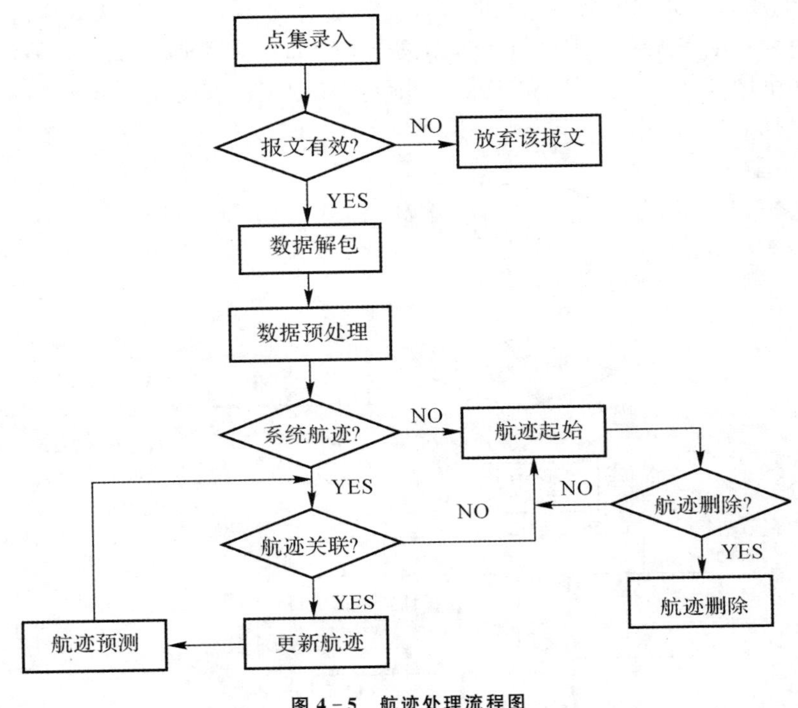

图 4-5 航迹处理流程图

4.2.2 ADS-B

ADS-B 主要实现了全方位的空对空、空对地的监视。ADS-B 技术在目前是新一代的监视技术，比二次雷达的性能更高，监视范围也更广。ADS-B 技术在美国和澳大利亚都得到了很好的应用，为将来的空-空监视和空-地监视带来了很好发展前景。同时，ADS-B 系统相比二次雷达成本要低很多，而且加装很简便。ADS-B 作为新一代的监视系统能有效提高飞行安全。

ADS-B 系统的工作原理如图 4-6 所示。在一般的情况下，ADS-B 只要有机载接收机设备、数据链发送设备、驾驶舱冲突信息显示器(CDTI)就可以正常工作，并且，地面只要有显示终端就可完成监视飞机的功能。ADS-B 系统能把空管系统和其他飞机的机载 ADS-B 有机结合起来，组成一套更加安全的监视系统，对空、地运行的飞机和车辆提供精确、实时的动态信息，它重新定义了空管技术的通信、导航和监视。

ADS-B 系统同二次雷达一样也包括地面站和机载系统，采用多对多的方

式完成数据的双向通信。机载接收机接收到其他飞机和地面车辆的动态信息(如冲突告警信息、气象信息等)后显示在座舱综合显示器上,使飞行员非常清楚地了解空中和地面的情况。ADS－B 系统主要采用的是 GNSS 导航卫星对飞机进行监视,主要监视飞机的四维信息、飞机识别信息和其他附加信息。其中,四维信息包括坐标经度、坐标维度、飞行高度和时间;飞机识别信息包括飞机的识别码和呼号;其他附加信息包括航向、航线高度、空速和风速等。

ADS－B 的覆盖范围之大和接收信息之广是二次雷达无法比拟的。通过对ADS－B 系统的研究发现,它可以应用在地面雷达设备覆盖不到的内陆荒漠地区、无人值守区域以及偏远海洋区域,为飞机提供比较精确的航行服务信息,并且对目前使用的间隔标准提出了更高的要求;在有雷达覆盖的繁忙区域,ADS－B 可以提高航路和终端区的空域飞行流量;同时,有了 ADS－B 技术,还可以在管制区域实现飞行动态的监视,不但可以监视空中和地面上的飞机,而且可以监视地面上运动的车辆,用以改进当前的飞行流量;应用 ADS－B 上行、下行报文的传送,还可以为飞行中的飞机提供其需要的各种服务,这一技术在空管上的应用,将会对空中监视起到很大的推进作用。

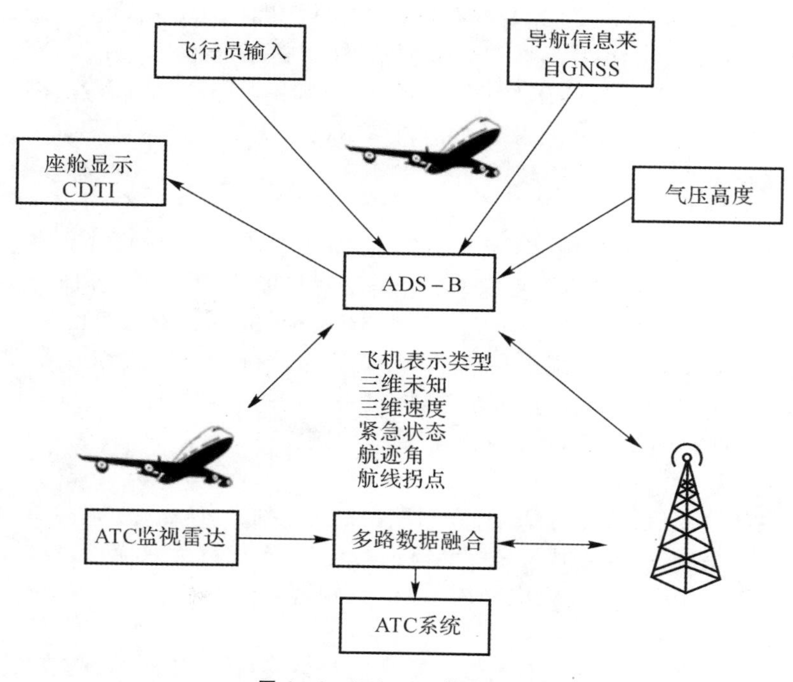

图 4－6　ADS－B 工作原理图

1. ADS－B 航迹处理过程

航迹处理的过程是接收 ADS－B 报文，并从中提取出点迹信息，依据最佳估计原理，采用数字滤波的计算方法，对接收到的量测量进行处理，进而估计目标运动要素以形成航迹的处理过程。ADS－B 航迹处理主要包括三个方面，即航迹起始、航迹滤波、航迹终止，其框图如图 4－7 所示。

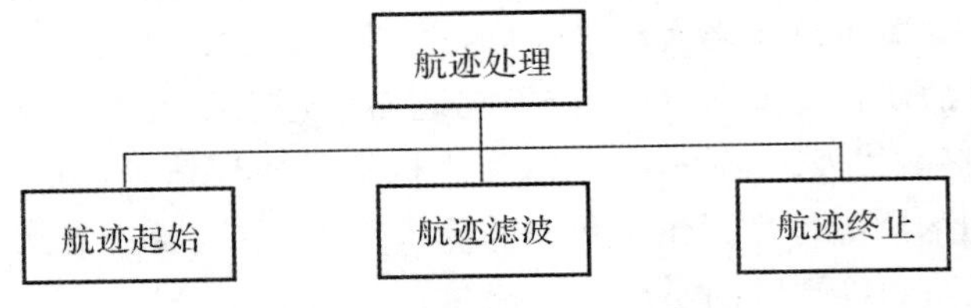

图 4－7　ADS－B 航迹处理过程框图

（1）航迹起始

航迹起始是指未进入稳定跟踪（航迹保持）之前的航迹确立过程。在雷达系统中，由于有杂波点的存在，所以要及时截获一个新航迹的起始点很困难。而在 ADS－B 系统中接收的 ADS－B 报文均含有唯一的 S 模式地址，此地址中有飞机的航班和呼号作为标识，这样我们可以很容易识别 ADS－B 报文信息并把其作为新航迹的起点，这是 ADS－B 系统优越于雷达系统的地方。

ADS－B 系统收到一个 ADS－B 报文时，判断其是否已经存在，若存在，将此报文与已有航迹报文进行关联；若不存在，则需要给此新报文建立一个航迹，是新航迹的起点。

（2）航迹滤波

由于受外界因素影响和飞机的转弯、躲避等急速机动运动，航迹信息会出现误差。航迹状态滤波的最终目的是利用算法尽可能地减小由于各种干扰造成的误差，有效地减少报文丢失及乱码。所谓航迹滤波是通过有效算法来处理位置数据，减少对 ADS－B 系统跟踪精度的影响，实现航迹平滑。滤波法是现代最优估计理论的一种，充分利用过去数据，即每一个新的点均由以前的点累计计算得出，采用新的量测量修正，最终形成精确的航迹。

（3）航迹终止

当航迹建立后，若在设置的一定时间内没有收到已有航迹的新 ADS－B 报文，应给予航迹报警，若更长时间未收到航迹信息，则删除此无效航迹。值得一提的是，航迹信息达到容量最大限制时，应清除距离本飞机最远的飞机的 ADS－B 报文。

ADS－B 的航迹处理流程与二次雷达的相似，包括航迹起始、航迹关联、滤波和预测、航迹终止，不同点是 ADS－B 航迹处理过程中加入了跟踪精度检测的功

能。ADS－B 航迹处理的详细流程如图 4－8 所示，图中假设采用 ADS－B 基本型报文，FOM 为 ADS－B 航迹信息的质量因数，它根据滤波处理后的误差指标设定。

对于每一个显示周期而言，当到达数据更新时间时，系统将进行下述处理：

1）检查是否接收到新的数据；

2）与已知航迹关联或初始化新的航迹；

3）非新航迹则取消航迹；

4）航迹滤波与预测；

5）跟踪精度检测；

6）ADS－B 航迹显示输出。

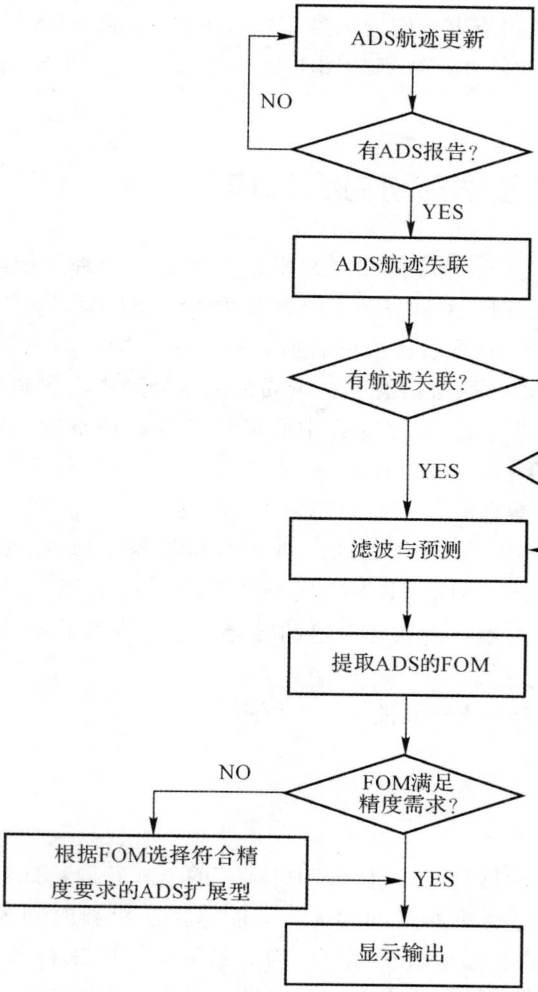

图 4－8　ADS－B 航迹处理流程图

2. ADS－B 航迹显示过程

航迹显示系统是 ADS－B 机载系统应用中的直观监视界面，安装有显示监视系统软件的终端计算机，是日常运行 ADS－B 系统时的主要监控设备。ADS－B 机载设备接收来自地面站和其他飞机的 ADS－B 报文信息，然后经过 ADS－B 信息处理以生成系统航迹，在数字地图上显示飞机航迹信息，为飞行员和管制员提供飞机周围的态势信息，这样便实现了人机交互，提高了空域监视能力。

ADS－B 航迹显示过程为将接收到的经过滤波处理后的 ADS－B 报文存储到数据库，显示系统采用数据库访问技术访问数据库，实时获取飞行信息；再通过地图控件属性设置、方法调用或事件响应来实现控件的插入，将 ADS－B 报文提供给用户前端的地图显示软件并在数字地图上显示出来，实现 ADS－B 航迹的实时刷新。

4.2.3 ADS－B/二次雷达航迹融合结构

分布式航迹融合系统中，每个局部传感器都由自己的数据处理系统生成本地航迹，完成对本地空域的监视。在本书中，传感器为 SSR 和 ADS－B。SSR 系统生成本地雷达航迹，ADS－B 融合中心融合所有地面接收站的本地信息，然后生成关于监视空域的 ADS－B 航迹信息。各个局部数据处理中心再将生成的本地航迹传至数据融合中心进行处理，在融合中心最终形成监视空域的完全信息。相关监视/雷达航迹融合的示意图如图 4－9 所示。

ADS－B/二次雷达航迹融合的处理结构如图 4－10 所示。

在图 4－10 所示的航迹融合结构中，ADS－B 融合包括两个部分：ADS－B 航迹关联和 ADS－B 航迹融合。ADS－B/雷达系统的融合包括 ADS－B 航迹和雷达航迹的关联，以及 ADS－B 航迹和雷达航迹的融合。本书重点关注 ADS－B 航迹和雷达航迹融合。

ADS－B 与二次雷达融合的流程如图 4－11 所示。

4.2.4 时间对准

二次雷达得到目标空域的信息是通过“询问-应答”的方式获取目标数据，其更新时间为 5～10 s。终端雷达更新时间为 4.8 s，航路雷达更新时间为 12 s。ADS－B 采用异步方式（相对于雷达）获得信息，因为其同时接收来自各个方向的消息，而不是像雷达一样通过扫描监视空域一周来获得整个空域的信息。

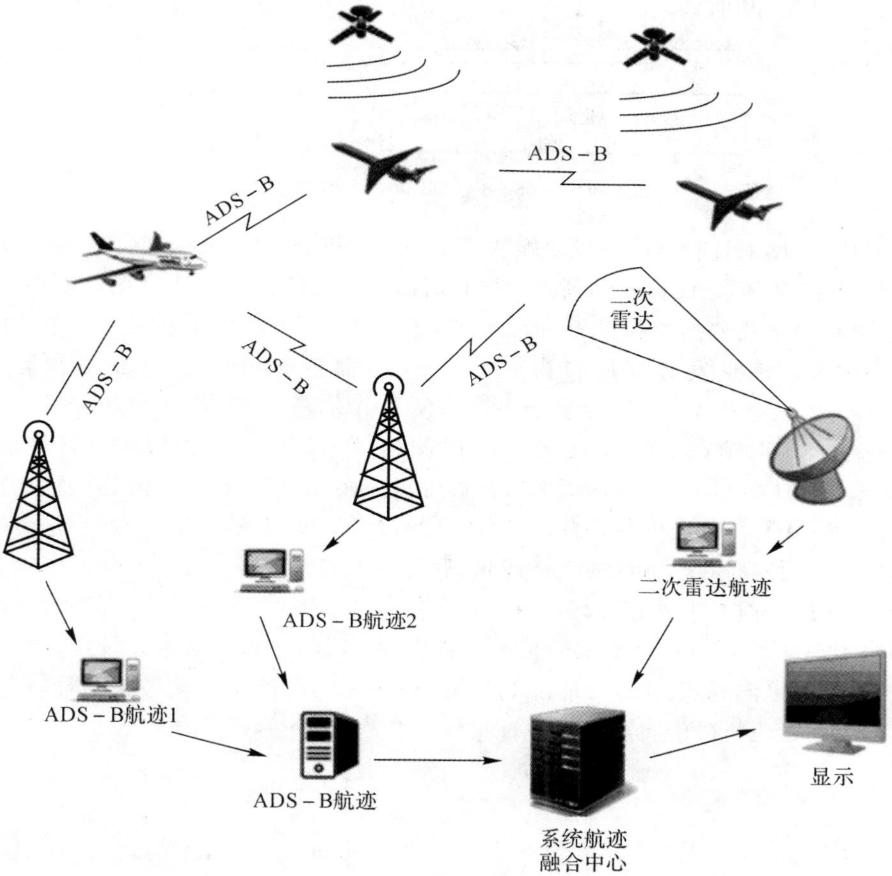

图 4－9　相关监视/雷达航迹融合示意图

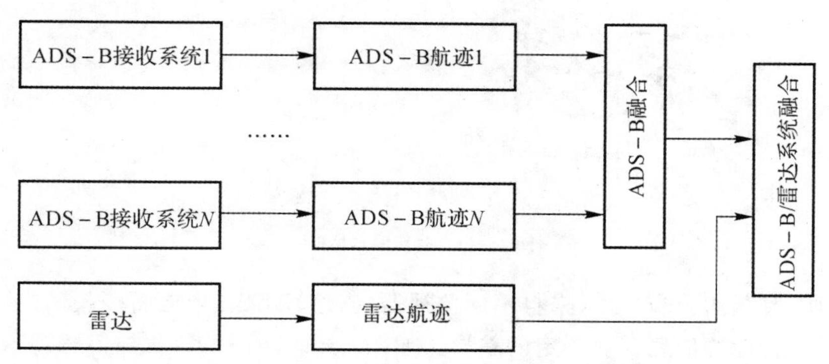

图 4－10　ADS－B/二次雷达航迹融合结构图

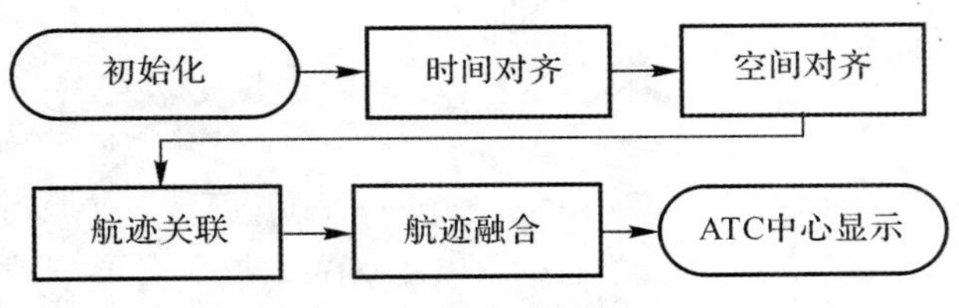

图 4-11　ADS-B 与二次雷达融合流程图

目标空域中具有 ADS-B 功能的飞行器通过机载 ADS-B 设备发送本机的 ADS-B 信息，而地面接收站只需要接收所监视空域的 ADS-B 消息。ADS-B 消息更新速率视数据类型的不同而不同，根据 DO260B，当目标位于空中的时候，空中位置消息发送周期约为 0.4～0.6 s；而身份(Identification)和类型(Category)消息每 4.8～5.2 s 更新一次。模式 A 信息(SSR 码)每 4.8～5.2 s 更新一次，当 SSR 有改变的时候，在一定时间内以 0.7～0.9 s 的周期进行发送。总的来说，ADS-B 消息可达到平均每秒更新一次。因此，在一个雷达扫描周期内，ADS-B 消息已经更新多次，而雷达上的目标信息却只有一次更新。这时就会产生一些特殊情况，如图 4-12 所示，假如飞机飞行速度为 1 080 km/h，两架飞机位于同一航线上同相飞行，飞机 A 装备有 ADS-B 设备，而飞机 B 没有装备，会出现如图 4-12(a)所示的情况。在图 4-12(a)中，如果系统设定的两架飞机的最小纵向间隔为 10 km，那么在第 4 s，5 s 的时候会出现报警信号，而实际上，前一架飞机已经飞离了原位置。

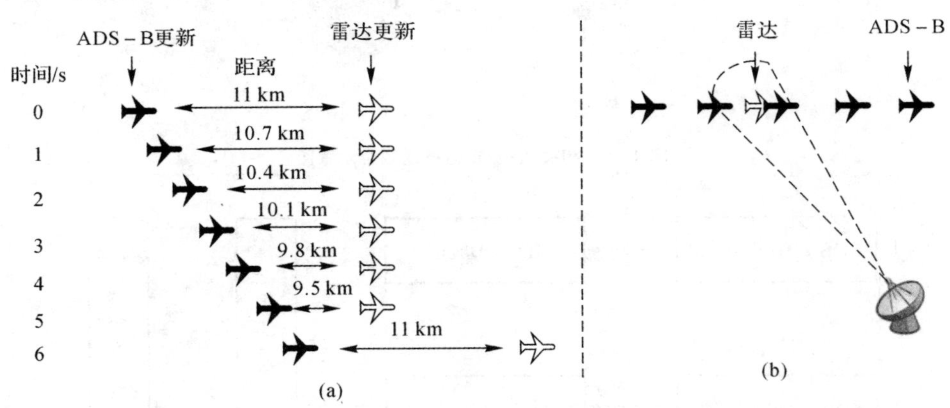

图 4-12　时间同步情形

由于监测的异步性质，来自不同监视器(雷达，ADS-B 地面接收站)接收到关于同一目标的信息存在一定的差异。如图 4-12(b)所示，两类传感器得到的关于目标信息的时间不同，导致位置信息不一致。这种情况也需要系统调整信

息，保证目标时间对齐。

本书讨论的是分布式航迹融合情况，进行航迹关联的主要是各个局部节点的航迹，故可以采用GPS授时的方式同步各个局部节点的时间。若采用GPS单星授时，则时间同步精度可以达到15 ns，而采用双星授时时间同步精度则可以达到更高的10 ns。在工程应用中GPS授时精度可以达到100 ns级。假设某飞机飞行速度为1 000 km/h(278 m/s)，又假设两个局部节点之间因为授时误差的原因，时间差达到100 ns(0.1×10^{-6} s)，则飞机在此时间内位置的误差为278 m/s$\times0.1\times10^{-6}$ s$=2.78\times10^{-5}$ m。由此可见，由于授时系统时间误差引起的观测误差可以忽略不计。在雷达的输出口加上时间标志(Time Stamp)，便很容易实现各局部航迹的时间对准。在时间对准之后，各个局部节点将局部航迹送至系统融合中心。

系统如何设置航迹更新时间才能使得信息利用更充分也是一个需要引起注意的问题。设置航迹更新时间的方法主要有两种：①将更新时间设置为雷达的更新时间，即ADS－B同步雷达；②将更新时间设置为一个独立的时间点，ADS－B和雷达同时同步到此时间节点。如果将系统更新时间设置为ADS－B更新时间，即雷达同步ADS－B，由于ADS－B信息更新时间远比雷达快，所以雷达的航迹只能一直外推，不利于应用。这两种方法的各自特点如下：第一种方法能有效地与现有的ATC系统相兼容，因为更新时间和雷达相同；其不足是没能将ADS－B的更新速率应用上，系统的更新速率仍然和进近雷达/线路雷达相同。第二种方法涉及的一个重要问题就是ADS－B航迹和雷达航迹均需要外推或内插，但是这种方法能使系统更新频率高于任何一部单雷达，而且在完全ADS－B环境下的优势十分明显；随着ADS－B技术的不断推广，ADS－B的装机数量肯定会随之增大，这样，采用独立更新时间的优势就更加明显。在本书的仿真中，将系统更新时间设置为3 s，每个周期3个采样点(即每秒一个采样点)，这些采样点值通过外推或内插得到。

不同传感器为测量方便，采用的坐标系也不一致，目标信息的表示方式也就不相同，因此在进行数据关联之前还需要统一坐标系。关于坐标系的转换将在下一小节进行描述。

4.2.5 空间对准

由于各局部节点的探测手段不一致，因而得到的目标位置信息参考点就不相同，采用的坐标系也不同。在这种情况下不能直接进行航迹的处理，这时就需要将它们变换到相同的参考点下，转换到相同的坐标系中。这就是空间对准。

1. 常见坐标系

雷达系统和 ADS－B 系统采用不同的坐标系，需要将不同坐标系下的目标信息转换到同一坐标系下，再进行目标的处理。ADS－B 根据机载 GPS 来确定本机的经纬度信息，而二次雷达则多采用站心极坐标形式。因此，本节将对常见的坐标系进行介绍。

(1)直角坐标系

直角坐标系中，X，Y，Z 轴两两相互垂直。3 轴交于一点 O。根据规定，X 轴指向正东，Y 轴指向正北，而 Z 轴垂直与 XOY 平面指向正上空，O 点则为观测站位置。

目标在坐标系中的坐标由该点在 X，Y，Z 轴上的投影构成。如图 4－13 所示，P 点坐标即为(x, y, z)。

(2) 极坐标系

极坐标系的定义与直角坐标系的定义类似，X，Y，Z 轴分别指向东、北和天空。通常情况下，雷达获得的目标信息为极坐标形式。坐标原点 O 即为雷达站。如图 4－14 所示，假设雷达探测到空中目标 P，可以得到目标的数据为：仰角 η，方位角 θ，斜距 ρ，即 P 点坐标为 $P(\rho,\eta,\theta)$。ρ 代表原点 O 到目标 P 的直线距离，η 代表目标 P 与地平面的夹角，θ 为 OP 在 XOY 平面上的投影(OP')与 Y 轴的夹角。

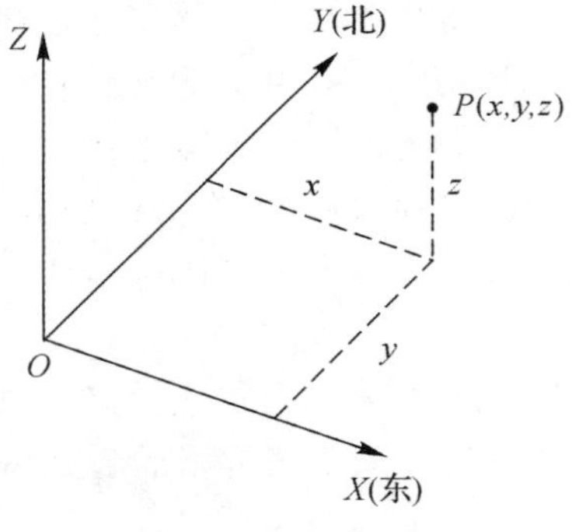

图 4－13　直角坐标系

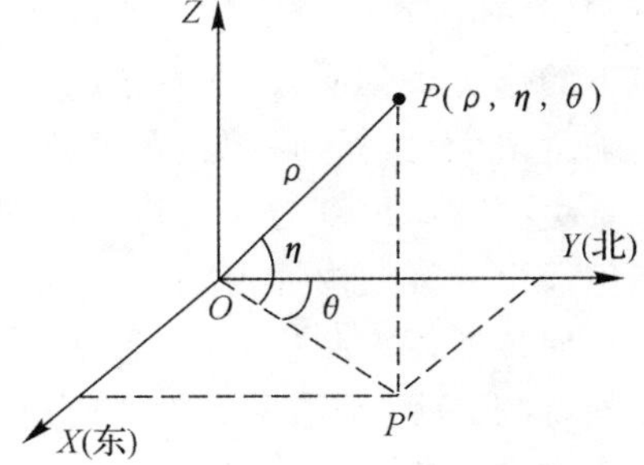

图 4－14　极坐标系

(3) 地球大地坐标系

通常，为表示方便，用经度、纬度、高度来表示某点的地理位置。在大地测量中，地球常作为一个椭球体，称为地球椭球(earth ellipsoid)。在这个条件下，以起始子午面、赤道平面和地球椭球表面作为参考平面而建立的坐标体系称为地球大地坐标系。地球上某点 P 可被表示为(L_o, L_a, H)。

经度(Longitude):经过 P 点的子午面与起始子午面的夹角,即图 4-15 中的 φ。

纬度(Latitude):经过 P 点的地球椭球面法线与赤道面的夹角,即图 4-15 中的 β。

高度(Height):P 点沿地球椭球面法线到地球椭球表面的距离,即图 4-15 中的 h,且该值向外为正,向内为负。

如图 4-15 所示,地球上某一点 P,过 P 点的子午面与起始子午面的夹角为 L_o(如图 4-15 中的 φ),称为经度。其中,若 P 点位于起始子午面东部(东半球),则该经度被称为东经,其值为正。若 P 位于起始子午面西部(西半球),则该经度被称为西经,其值为负,绕地球一周为 360°,因此地球经度的值位于 0° ~± 180°之间。过 P 点的椭球法线与赤道平面的夹角为 L_a(如图 4-15 中的 β),称为纬度。当 L_a 为 0° 的时候,表示该点位于地球赤道。若 P 点在赤道以北(北半球),则称该纬度为北纬,其值为正。若 P 点位于赤道以南(南半球),则该纬度被称为南纬,其值为负。故纬度值为 0° ~± 90°。H 为大地高度,为 P 点沿法线相对于地球椭球面(根据使用的地球椭球的定义)的距离(如图 4-15 中的 h)。大地坐标系有多种,主要取决于坐标系定义时使用的地球椭球和原点,地球椭球不同,原点不同,大地坐标系不同,比如地心大地坐标系则是以地球质心为坐标原点。

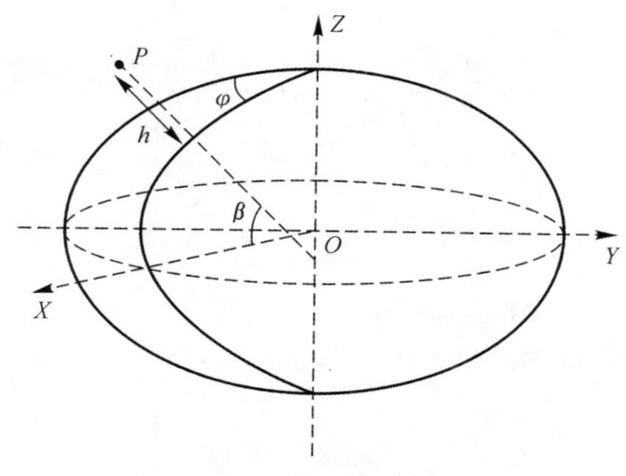

图 4-15　地球大地坐标系

(4) 地心直角坐标系

以地球质心为原点,利用地球椭球建立地心直角坐标系,如图 4-16 所示。在地心直角坐标系中,O 点为地球质心,XOY 平面与赤道平面重合;XOZ 与起始子午面重合,其中 OX 轴为赤道平面与起始子午面的交线,向外为正;而 OZ 轴参考的是地球椭球的旋转轴，指向地球北极，位于赤道平面以北为正。OY 轴位于赤道平面，且与 OX，OZ 轴共同组成右手直角坐标系。

在此坐标系中，通常认为 OZ 轴是固定不变的，因此，在一些文献中，也将此坐标系称为地固坐标系。

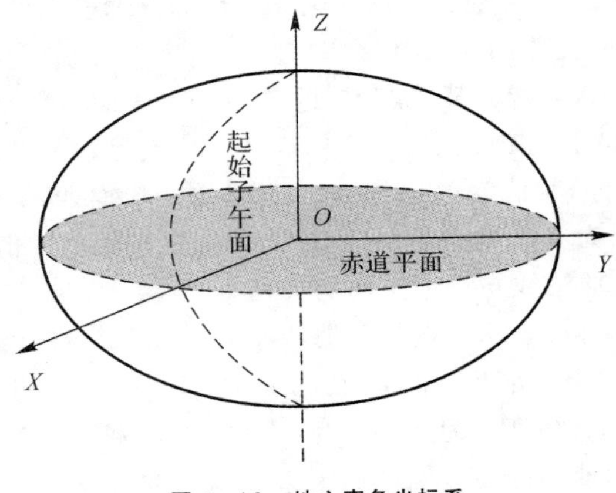

图 4-16　地心直角坐标系

2. 坐标系变换

(1) 直角坐标转换为极坐标

设 P 点在直角坐标系下的坐标为 $P(x,y,z)$，在极坐标系下的坐标为 $P(\rho,\eta,\theta)$，则

$$\left.\begin{aligned}\rho &= \sqrt{x^2+y^2+z^2}\\ \eta &= \arctan\left(z/\sqrt{x^2+y^2}\right)\\ \theta &= \arctan(x/y)\end{aligned}\right\}\tag{4.2}$$

(2) 极坐标转换为直角坐标

设 P 点在极坐标系下的坐标为 $P(\rho,\ \eta,\ \theta)$，在直角坐标系下的坐标为 $P(x,y,z)$，则

$$\left.\begin{aligned}x &= \rho\cos\eta\sin\theta\\ y &= \rho\cos\eta\cos\theta\\ z &= \rho\sin\eta\end{aligned}\right\}\tag{4.3}$$

(3) 直角坐标转换为地心直角坐标

在本小节的坐标转换中，须已知雷达站的大地坐标(B_0,L_0,H_0)，以及雷达站的地心直角坐标(X_0,Y_0,Z_0)。假设雷达站探测到目标 P，其站心直角坐标为(x_p,y_p,z_p)，设 P 点在地心直角坐标系中的坐标为(x,y,z)，则

$$\begin{bmatrix} x \\ y \\ z \end{bmatrix} = \begin{bmatrix} X_0 \\ Y_0 \\ Z_0 \end{bmatrix} + \begin{bmatrix} -\sin L_0 & -\sin B_0 \cos L_0 & \cos B_0 \cos L_0 \\ \cos L_0 & -\sin B_0 \sin L_0 & \cos B_0 \sin L_0 \\ 0 & \cos B_0 & \sin B_0 \end{bmatrix} \tag{4.4}$$

(4) 地心直角坐标系向站心直角坐标系转换

和上一情况相同，已知雷达站的大地坐标为(B_0, L_0, H_0)，以及雷达站的地心直角坐标为(X_0, Y_0, Z_0)。但是在这种情况下，已知的是目标 P 在地心直角中的位置为(x, y, z)，求 P 点的在雷达站心直角坐标系中的坐标(x_p, y_p, z_p)。

$$\begin{bmatrix} x_p \\ y_p \\ z_p \end{bmatrix} = \begin{bmatrix} -\sin L_0 & \cos L_0 & 0 \\ -\sin B_0 \cos L_0 & -\sin B_0 \sin L_0 & \cos B_0 \\ \cos B_0 \cos L_0 & \cos B_0 \sin L_0 & \sin B_0 \end{bmatrix} \begin{bmatrix} x - X_0 \\ y - Y_0 \\ z - Z_0 \end{bmatrix} \tag{4.5}$$

(5) 地心直角坐标系向地心大地坐标系转换

已知 P 点的在地心直角坐标系中的坐标为(x, y, z)，求 P 点在地心大地坐标系中的坐标(B, L, H)。常见的求解方法有两种，本书介绍迭代的求解方法：

$$\left.\begin{aligned} B &= \arctan\left[\frac{z}{\sqrt{x^2 + y^2}\left(1 + \dfrac{ae^2}{z}\dfrac{\sin B}{\alpha}\right)}\right] \\ L &= \arctan\left(\frac{y}{x}\right) \\ H &= \frac{\sqrt{x^2 + y^2}}{\cos B} - N \end{aligned}\right\} \tag{4.6}$$

式中

$$\alpha = \sqrt{(1 - e^2 \sin^2 B)} \tag{4.7}$$

a 为地球椭球长半径；e 为地球椭球第一偏心率，e 远远小于1。当计算纬度 B 的时候，需要用到迭代计算，经过数次计算之后，就可以得到结果。

(6) 地心大地坐标系向地心直角坐标系转换

已知 P 点在地心大地坐标系中的坐标为(B, L, H)，求 P 点在地心直角坐标系中的坐标(x, y, z)。

$$\left.\begin{aligned} x &= (N + H)\cos B \cos L \\ y &= (N + H)\cos B \sin L \\ z &= [N(1 - e^2) + H]\sin B \end{aligned}\right\} \tag{4.8}$$

式中，N 代表地球椭球的卯酉圈半径；e 为其第一偏心率。

$$N = \frac{a}{\sqrt{1 - e^2 \sin^2 B}} \tag{4.9}$$

$$e=\frac{\sqrt{a^2-b^2}}{a} \tag{4.10}$$

式中，a 为地球椭球长半径；b 为地球椭球短半径。

4.2.6 系统误差和正北校正

雷达所标称的正北一般不同于地理的正北，那么在将雷达航迹送至系统融合中心的时候需要对雷达标称正北和地理正北的差值做一个补偿，该值是一个固定的常数，因此在进行系统融合之前需要对其进行一次性补偿，以满足融合的要求。

雷达所存在的固定误差主要源于雷达在测量距离和测量角度时的精度。对于ADS-B来说，则是源于GPS的导航精度。在进行坐标变换的时候，坐标变换本身也会产生一些误差。这些误差有必要在进行融合之前进行修正。

在空间测量中，地心直角坐标系常作为转换的中间变量。比如雷达和ADS-B航迹的融合中，ADS-B航迹是经纬度信息，而雷达输出是站心极坐标系形式，因此在融合中涉及站心极坐标系和大地坐标系之间的转换。通常，首先将雷达站心极坐标系转换为站心直角坐标系，再转换为地心直角坐标系，最后再将地心直角坐标系转换为地心大地坐标系，这样就实现了站心极坐标向地心大地坐标的转换。反之也成立。

4.3 空管态势信息融合

在空管态势信息融合实际应用中，主要需要处理四类问题：航迹管理、航迹关联、目标估计和航迹融合。

4.3.1 航迹管理

航迹是由来自同一个目标的量测集合所估计的目标状态形成的轨迹。与航迹有关的概念还包括以下几个：

1)航迹号。航迹号是给航迹规定的编号，与一个给定航迹相联系的所有参数都以其航迹号作参考。

2)航迹质量。航迹质量是航迹可靠性程度的度量。通过航迹质量管理，可以及时、准确地起始航迹以建立新目标档案，也可以及时、准确地撤销航迹以消

除多余目标档案。

3)可能航迹。可能航迹是由单个测量点组成的航迹。

4)试验航迹。由两个或多个测量点组成的并且航迹质量数较低的航迹统称为航迹,它可能是目标航迹,也可能是随机干扰,即虚假航迹。可能航迹完成初始相关后就转化成试验航迹或撤销航迹,也有人把试验航迹称为暂时航迹。

5)确认航迹。确认航迹是具有稳定输出或航迹质量数据超过某一定值的航迹,也称作可靠航迹或稳定航迹,它通常被认为是真实目标航迹。

6)撤销航迹。当航迹质量低于某一定值或是由孤立的随机干扰点组成时,称该航迹为撤销航迹,而这一过程称为撤销或航迹终止。航迹撤销的主要任务是及时删除假航迹而保留真航迹。

7)航迹起始响应时间。航迹起始响应时间是指目标进入雷达探测区到建立该航迹的时间,通常用雷达扫描次数作为单位。快速航迹起始一般为 3～4 个雷达扫描周期,慢速航迹起始一般为 8～10 个雷达扫描周期。

在局部传感器的点迹与航迹完成关联之后,点迹与航迹之间的一对一关系已经完全确定,因而可以进一步确定:

1)哪些已有起始标志的航迹可以转换为确认航迹。

2)哪些可能是由杂波剩余等产生的虚假航迹(应予以撤销)。

3)哪些点迹在本扫描周期未被录用,而自动变成了下一扫描周期的自由点迹。

4)哪些航迹头变成了起始航迹。

5)哪些航迹头由于没有后续点迹而被取消。

6)哪些已确认航迹在本扫描周期中,没有点迹与它关联,即丢失了点迹。

以上这些信息应均能按照给定的规则进行自动分类,给予不同的标志,并将本扫描周期的分类结果送入数据库,实现对它们的管理。总之按照一定的规则、方法,实现和控制航迹起始、航迹确认、航迹保持与更新和航迹撤销的过程,称为航迹管理。显而易见,完成以上各种功能需要多种规则和算法,目前有经验法、逻辑法、纯数学法、直觉法和计分法等。由于考虑问题的出发点不同,其性能或效果也就不同。直觉法不是一种独立的方法,纯数学法很少有工程应用价值。这里主要介绍两种方法:逻辑法和计分法。

1. 逻辑法

(1)航迹头

每条航迹的第一个点迹称作航迹头。航迹头通常出现在远距离范围内,除非雷达一开机就已经有目标出现在近距离范围之内。另一类航迹头是前一扫描周期没被录用的一些孤立点迹或自由点迹。在雷达实际工作中，不管航迹头、孤立点迹或自由点迹在什么地方出现，均要以它为中心，建立一个由目标最大运动速度和最小运动速度以及雷达扫描周期，即采样间隔决定尺寸的环形波门，称其为初始波门。之所以是一个环形波门，是因为该点迹所对应的目标运动方向未知。

(2)航迹起始

对匀速直线运动的目标，利用同一目标初始的相邻两个点迹的坐标数据，推算出第三个扫描周期该目标的预测或外推位置，对可能的一条航迹进行航迹初始化，称作航迹起始。它的问题是如何获得这两个点迹。其中之一是雷达头点迹，这是毫无疑问的；然后在下一个扫描周期中，凡是在初始波门中出现的点迹都要与雷达头点迹构成一对航迹起始点迹对，并将其送入数据库，等待下一周期的继续处理。

(3)航迹确认

以预测值为中心设置一个门限，即关联门。在关联门内，至少有一个来自相邻第三次扫描周期的观测数据或点迹。初始航迹就可以作为一条新航迹，并加以保存，称其为新航迹确认。在这种情况下，新航迹需要三次扫描的观测数据或点迹才能得到确认，这是建立一条新航迹所需要观测数据或点迹的最小数目。也就是说，一条初始化航迹，经过确认之后，才能建立一条新航迹。当然，也可以将这种方法称作航迹检测。

需要指出的是，连续三个扫描周期均出现点迹时，才被确认为这是一个真目标产生的连续点迹，最后建立航迹。这个条件似乎太苛刻了，因为目标的点迹的出现是随机的。因此可以考虑，在航迹起始之后，允许第三次扫描中不出现点迹，进行一次盲目外推，在第四次扫描时再出现点迹，也将其确认为新航迹。这在远距离方位是十分必要的，因为远区的雷达信噪比较小；通常雷达的最大作用距离是按发现概率为50%定义的。实际上，这就涉及航迹的确认准则。

(4)航迹维持/保持

所谓航迹维持或保持是在航迹起始之后，在存在真实目标的情况下，按照给定的规则使航迹得到延续，保持对目标的连续跟踪。这种保持对目标连续跟踪的规则，称之为航迹维持准则。这时可以考虑利用信号检测中的小滑窗检测器的 N/M 检测准则使航迹得以维持。假定滑窗宽度 $M=5$，检测门限 $N=3$，这就意味着在滑窗移动的过程中，只要在 5 个采样周期中至少有 3 个周期有点迹存在，就判为有航迹存在，继续对目标进行跟踪。根据排列组合规则可知，满足此种规则的组合计有 16 种。由于组合较多，就不一一列举。

(5)航迹撤销

所谓航迹撤销就是在该航迹不满足某种准则时，将其从航迹记录中抹掉。这就意味着它不是一个真实目标的航迹，或者该航迹所对应的目标已经运动出该传感器的探测范围。航迹撤销可考虑分三种情况：第一种是只有航迹头的情况，第二种是对一条初始化航迹，第三种是对已确认的航迹。这些在航迹撤销准则上应该有所区别。可考虑以下撤销准则：

1)对只有航迹头的情况，只要其后的第一个周期中没有点迹出现，就将其撤销。

2)对一条初始化航迹来说，如果在以后连续3个扫描周期中，没有出现任何点迹，这条初始航迹便可以在数据库中消去。

3)对一条已确认的航迹，我们以很高的概率确知它的存在，并且已知它的运动方向，当然对它的撤销应该谨慎些。可设定连续4～6个扫描周期没有点迹落入相应关联门内作为航迹撤销准则。需要注意的是，这时必须多次利用盲目外推的方法，扩大波门去对丢失目标进行再捕获。当然，也可采用小滑窗检测器，设立一个航迹结束准则，只要满足该准则，就可对该航迹予以撤销。令滑窗宽度$M=5$，航迹撤销门限$N=4$，这就意味着在连续5个采样周期中，只要有4个周期没有点迹存在，就宣布该航迹被撤销。当然，也可以在连续3个周期没有点迹时，宣布该航迹被撤销。显然，4/5准则与3/5准则相比，前者被撤销得更容易。在对已确认航迹撤销时，可考虑加大滑窗宽度，以便放宽撤销条件。

4)另外一种情况是一条跟踪很长时间的稳定航迹所对应的目标，在飞出或运动出该雷达的探测范围时，该航迹当然也应予以撤销。这时如果存在友邻雷达，就需要完成目标的交接。

这里需要说明的是，在雷达的实际工作中，波门的尺寸可能是变化的，有的种类可能更多，可能还有许多航迹的建立和撤销准则或者说航迹管理方法。究竟采用什么方法，要根据具体情况来确定。

2. 计分法

每当新点迹并入航迹时，都要根据该点迹质量对航迹质量的贡献大小，按照一定的规则，给该航迹质量标记Q加上或减去一定的分值，或者保持不变。点迹质量在数据关联时是由在哪个关联门等级上与航迹实现关联而决定的。波门可以分成四级：初始波门、大波门、中波门和小波门。在小波门中与航迹相关的点迹质量是最高的。其一，因为波门小，落入的噪声、杂波剩余等较少；其二，小波门一般用在对目标稳定跟踪阶段，这时已经说明有一条真实目标的航迹存在了，该点迹几乎就是真实目标的点迹，所以它的质量最高。其次是中波门中的点迹。再次是大波门中的点迹。至于丢失的点迹，进行盲目外推预测并进行补点时，不仅对航迹质量没有贡献，反而使其质量降低了，应该减去一定的分值。当然，航迹头也要赋予一定的初始值。最后根据航迹质量的大小和给定的门限来确定航迹起始、航迹确认和航迹撤销。

4.3.2 航迹关联

数据关联(Data Association，DA)是多传感器数据融合的关键技术之一。数据关联就是把来自各个传感器对同一目标的观测与已知航迹归并到一起，即确定正确的点迹与各自的航迹，以及同一目标的航迹与航迹配对的处理过程。数据关联的具体步骤如图 4－17 所示。

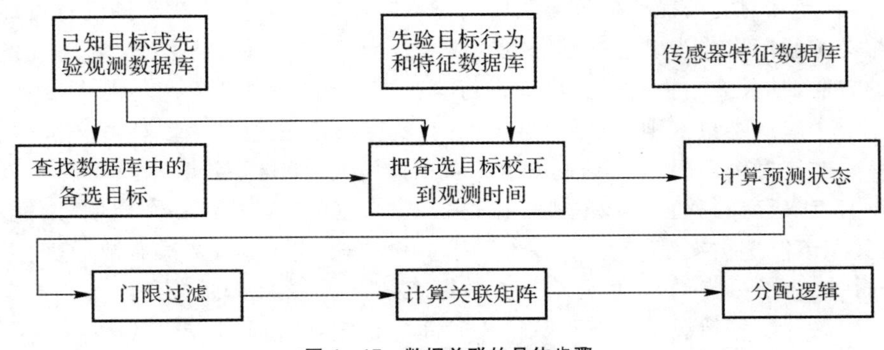

图 4－17　数据关联的具体步骤

数据关联是通过相关波门来实现的。按照关联对象的不同，数据关联可分为 3 类：①测量与测量的关联，或点迹与点迹的关联(航迹起始)；②测量与航迹的关联，或点迹与航迹的关联(航迹维持或更新)；③航迹与航迹关联(航迹融合)。

在实时的多目标跟踪过程中，同一个目标在多个传感器上建立的量测，必定因其物理来源相同而具有某种相似特征，与此同时，也必定因为杂波干扰和传感器自身性能的不稳定，而导致这些量测数据所建立的特征不完全相同。航迹关联是多传感器多目标数据融合系统的关键技术之一。在分布式多传感器的环境下，各传感器独立观测目标，收集了大量的目标航迹信息，需要通过有效的航迹关联来确定传感器量测信息与目标源的对应关系。因此，航迹关联要解决多传感器空间覆盖区域中的重复跟踪问题，同时也包含了将不同目标区分开来的任务。如果系统对每一条航迹信息对应哪一个目标处理得不准确，就不可能在目标跟踪过程中进行准确的态势和威胁评估。因此，航迹关联问题解决的好坏在

某种程度上影响到数据融合系统对目标探测的精确程度。航迹关联方法主要包括最近邻域航迹关联法、联合概率数据关联法、基于统计的航迹关联法、基于模糊数学的航迹关联法、基于多维分配的最优航迹软相关算法和基于目标分类的改进神经网络算法等。

1. 最近邻域航迹关联

20 世纪 70 年代，Singer 等人提出一种能在多目标回波条件下工作且具有固定记忆要求的跟踪滤波器。这种滤波器只把在统计意义上与被跟踪目标预测位置最近邻的有效回波作为候选回波。最近领域法是航迹关联的基本方法中使用较为广泛的一种方法。它"唯一"地选择落在相关跟踪门之内且与被跟踪目标预测位置最近的观测作为目标关联对象。所谓"最近"，表示统计距离最小或者残差概率密度最大。最近邻域法实质上是一种局部最优的"贪心算法"，并不能在全局意义上保持最优。

统计距离定义如下：

$$\begin{aligned} d^2(z(k)) &= \left[z(k) - \hat{z}\left(\frac{k}{k-1}\right)\right]' S^{-1}(k)\left[z(k) - \hat{z}\left(\frac{k}{k-1}\right)\right] \\ &= v'(k)S^{-1}(k)v(k') \end{aligned} \tag{4.11}$$

式中，$z(k)$ 表示传感器 k 时刻的观测数据；$\hat{z}\left(\frac{k}{k-1}\right)$ 为状态的一步预测，它代表追踪包括时间 $k-1$ 在内的前面全部观测数据，对 k 时刻的信号数值进行估计(即预测)；$v(k)=z(k)-\hat{z}\left(\frac{k}{k-1}\right)$ 称作信息或量测残差，相当于修正量，决定于新数据 $z(k)$ 与前一步预测值之差；$S(k)$ 表示 $v(k)$ 的协方差；$d(z(k))$ 表示目标预测位置 $\hat{z}\left(\frac{k}{k-1}\right)$ 与有效回波 $z(k)$ 之间的距离。

最近邻域法主要适应于跟踪单目标或目标数较少的情况，或者说只适应于稀疏目标环境的目标跟踪。其主要优点是运算量小，易于实现。主要缺点是在密集目标或多杂波干扰环境下，其错误关联较多。

2. 联合概率数据关联

联合概率数据关联(Joint Probabilistic Data Association，JPDA)是 Barshalom 等人在仅适用于单目标跟踪的概率数据关联(PDA)算法的基础上，提出的适用于多目标跟踪情形的一种数据关联算法。在多目标跟踪下，若量测量落入多个跟踪门的相交区域，则表示对应某些量测量可能源于多个目标。JPDA 的目的，就是计算每一个量测量与其可能的各种源目标的关联概率。这是目前公认的在杂波环境中对多目标跟踪最理想的方法之一。但它与其他有关数据关联算法相比，计算开销比较大。

3. 基于统计的航迹关联

设局部节点 1,2 的航迹号集合（即其相应的目标号集合）分别为

$$U_1=\{1,2,\cdots,n_1\},U_2=\{1,2,\cdots,n_2\} \tag{4.12}$$

$$t_i(l)=\hat{X}_i^1(l\mid l)-\hat{X}_j^2(l\mid l)(i\in U_1,j\in U_2) \tag{4.13}$$

式中，$\hat{X}_i^1(l\mid l)$ 和 $\hat{X}_j^2(l\mid l)$ 分别为 l 时刻节点 1 对目标 i 和节点 2 对目标 j 的状态估计值。由卡尔曼滤波算法可以得到，$t_{ij}(l)$ 表示航迹 i 和航迹 j 在 l 时刻对应点迹之间的距离。

定义 H_0 和 H_1 是下列事件（$i\in U_1,j\in U_2$）：

H_0：$\hat{X}_i^1(l\mid l)$ 和 $\hat{X}_j^2(l\mid l)$ 是同一目标的航迹估计；

H_1：$\hat{X}_i^1(l\mid l)$ 和 $\hat{X}_j^2(l\mid l)$ 不是同一目标的航迹估计。

这样，航迹关联问题便转化成了假设检验问题，我们选择不同的检验统计量就得到不同的航迹关联算法。以下是几种常用的基于统计的航迹关联方法。

(1) 加权法和修正法

加权法使用的检验统计量 $\alpha_{ij}(l)$ 为

$$\alpha_{ij}(l)=t_{ij}(l)'[p_i^1(l\mid l)+p_j^2(l\mid l)]^{-1}t_{ij}(l) \tag{4.14}$$

式中，$p_i^1(l\mid l)$ 和 $p_j^2(l\mid l)$ 分别是节点 1 在 l 时刻对目标 i 的估计误差协方差和节点 2 在 l 时刻对目标 j 的估计误差协方差。如果 $\alpha_{ij}(l)$ 低于使用 χ^2 分布获得的某一门限，则接受假设 H_0，即判决航迹 i 和航迹 j 关联；否则接受假设 H_1。

由于来自两个航迹文件的估计误差间并不总是独立的，因此，将加权法使用的检验统计量进行修正，得到修正后的统计量为

$$\beta_{ij}(l)=t_{ij}(l)'[p_i^1(l\mid l)+p_j^2(l\mid l)-p_{ij}^{12}(l\mid l)-p_{ij}^{21}(l\mid l)]^{-1}t_{ij}(l) \tag{4.15}$$

式中，$p_{ij}^{12}(l\mid l)$ 和 $p_{ij}^{21}(l\mid l)$ 分别是两节点对两目标之间相关的估计误差协方差，如果 $\beta_{ij}(l)$ 低于使用 χ^2 分布获得的某一门限，则接受假设 H_0；否则接受假设 H_1。在过程噪声较大时，修正法较加权法的性能有所改善。

由于加权法和修正法在密集目标环境下，或交叉、分岔航迹较多的场合其关联性能严重下降，出现大量错、漏关联航迹，因此提出了序贯航迹关联算法和双门限航迹关联算法等。

(2) 序贯法

序贯法是把航迹当前时刻的关联与其历史联系起来，并赋予良好的航迹关联质量管理和多义性处理技术的方法，其性能较加权法和修正法获得了很大的改善。

(3) 双门限法

双门限法是指对于来自两个局部节点的 R 个估计误差样本，首先逐个基于 χ^2 分布门限进行假设检验，若判为接受 H_0，则计数器加 1，否则计数器值不变。然后把计数器所计算之值与指定的数 L 进行比较，经过 R 次检验后，如果计数器的输出大于或等于 L，则完成航迹关联判决，否则判定为不关联航迹。

4. 基于模糊数学的航迹关联

前面介绍的几种航迹关联方法，如果从数学的角度看，应该属于统计学方法。但在目标密集，分叉或分岔航迹较多，机动目标较多，系统包含有较大的导航、传感器校准及转换和延迟误差的场合下，要判断来自两个局部节点的航迹是否属于同一个目标是很困难的，有时统计方法甚至不能满足要求。由于在航迹关联判决中，航迹实际上存在着较大的模糊性，而这种模糊性可以用隶属度函数来描述两个航迹的相似程度，所以就产生了模糊航迹关联方法。

模糊航迹关联方法可分为模糊函数法和模糊逻辑法。模糊函数航迹关联算法主要是利用模糊函数来估计航迹与航迹之间的相似程度，从而达到航迹关联的检测判断。模糊逻辑航迹关联算法就是利用航迹与航迹之间的模糊关系，运用模糊 IF－THEN 规则列出航迹与航迹之间的模糊关系准则图表，根据这个图表判别航迹是否关联。譬如对等式

$$(|u_{ij}(1,l)|<e_1)\cap(|u_{ij}(2,l)|<e_2)\cap\cdots\cap(|u_{ij}(n_x,l)|<e_{nx})$$

运用 IF－THEN 规则来建立航迹关联准则：IF $|u_{ij}(1,k)|$ 为低等，$|u_{ij}(2,k)|$ 为中等，$|u_{ij}(n_x,k)|$ 为高等，THEN 航迹 i 和航迹 j 关联(这里的 IF－THEN 规则为关联图表中的其中一条)。这样的一组 IF－THEN 规则就组成航迹关联规则基表。若要精确关联，则 IF－THEN 规则条数就要多，这与快速性又是一个矛盾。

5. 基于多维分配的最优航迹软相关算法

以往两两关联的航迹关联算法的应用环境均为两传感器，但是在实际中多为多传感器多目标。利用拉格朗日松弛算法求解 S－D(S 维) 分配问题，能够大幅度减少三维分配问题的运算量。假设各传感器间对同一目标的状态估计误差相互独立。当事件 H_0 成立时，给出协方差矩阵：

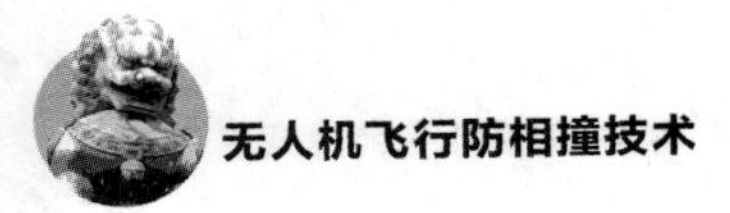

$$\begin{aligned} \boldsymbol{C}_{r_{j-1}r_j}(k\mid k) &= E\{[\tilde{Z}_{r_{j-1}}(k)-\tilde{Z}_{r_j}(k)][\tilde{Z}_{r_{j-1}}(k)-\tilde{Z}_{r_j}(k)]^{\mathrm{T}}\} \\ &= \boldsymbol{P}_{r_{j-1}}(k\mid k)+\boldsymbol{P}_{r_j}(k\mid k) \end{aligned} \tag{4.16}$$

式中

$$\tilde{Z}_{r_{j-1}}(k)=Z_{r_{j-1}}(k)-\tilde{Z}_{r_{j-1}}(k\mid k) \tag{4.17}$$

$$\tilde{Z}_{r_j}(k)=Z_{r_j}(k)-\tilde{Z}_{r_j}(k\mid k) \tag{4.18}$$

当估计无偏时，

$$E[\tilde{Z}_{r_{j-1}}(k)]=E[\tilde{Z}_{r_j}(k)]=0 \tag{4.19}$$

$\boldsymbol{P}_{r_{j-1}}(k\mid k)$ 和 $\boldsymbol{P}_{r_j}(k\mid k)$ 分别是传感器 U_{j-1} 和传感器 U_j 中某元素的状态估计误差协方差矩阵。

测量差的状态估计为

$$\hat{t}^{1}_{r_{j-1}r_j}=\{\tilde{t}_{r_{j-1}r_j}(k)\},\quad K=1,2,\cdots,l \tag{4.20}$$

$\hat{t}^{l}_{r_{j-1}r_j}$ 在事件 H_0 成立下的条件联合概率密度函数为

$$f_0[\hat{t}^{1}_{r_{j-1}r_j}\mid H_0]=\prod\nolimits_{k=1}^{1} f_0[\hat{t}(k)\mid \hat{t}^{k-1}_{r_{j-1}r_j},H_0] \tag{4.21}$$

各传感器状态估计误差均满足零均值正态分布，则 H_0 的似然函数是

$$\begin{aligned} f_0[\hat{t}^{l}_{r_{j-1}r_j}\mid H_0] &= \left[\prod\nolimits_{k=1}^{1} 2\pi C_{r_{j-1}r_j}(k\mid k)^{-\frac{1}{2}}\right]\times \\ &\exp\left[-\frac{1}{2}\sum\nolimits_{k=1}^{l}\tilde{t}_{r_{j-1}r_j}(k)^{\mathrm{T}}C^{-1}_{r_{j-1}r_j}(k\mid k)\tilde{t}_{r_{j-1}r_j}(k)\right] \end{aligned} \tag{4.22}$$

相对条件下对数似然比为

$$\ln\left\{\frac{f_0[\hat{t}^{l}_{r_{j-1}r_j}\mid H_0]}{f_0[\hat{t}^{l}_{r_{j-1}r_j}\mid H_1]}\right\}= -\frac{1}{2}\sum\nolimits_{k=1}^{l}\tilde{t}_{r_{j-1}r_j}(k)^{\mathrm{T}}C^{-1}_{r_{j-1}r_j}(k\mid k)\tilde{t}_{r_{j-1}r_j}(k)+\alpha \tag{4.23}$$

式中，α 是一个常量，$f_0[\hat{t}^{l}_{r_{j-1}r_j}\mid H_1]$ 是在事件 H_1 成立下的条件联合概率密度函数。

$$\lambda_{r_{j-1}r_j}(l)=\sum\nolimits_{k=1}^{l}\tilde{t}_{r_{j-1}r_j}(k)^{\mathrm{T}}C^{-1}_{r_{j-1}r_j}(k\mid k)\tilde{t}_{r_{j-1}r_j}(k) \tag{4.24}$$

对多传感器构造全局统计量：

$$\lambda_{r_1r_2\cdots r_S}(l)=\sum\nolimits_{j=1}^{S}\lambda_{r_{j-1}r_j}(l)\quad r_j=1,2,\cdots,n_j;j=1,2,\cdots,S \tag{4.25}$$

于是，多传感器航迹关联问题转换为多维分配问题：

$$\min_{\eta_{r_1r_2\cdots r_S}}\sum\nolimits_{r_1=1}^{n_1}\sum\nolimits_{r_2=1}^{n_2}\cdots\sum\nolimits_{r_S=1}^{n_S}\eta_{r_1r_2\cdots r_S}\lambda_{r_1r_2\cdots r_S}(l) \tag{4.26}$$

其约束条件为

$$\left.\begin{array}{l}\sum_{r_2=1}^{n_2}\sum_{r_3=1}^{n_3}\cdots\sum_{r_S=1}^{n_S}\eta_{r_1r_2\cdots r_S}=1,r_1=1,2,\cdots,n_1\\\sum_{r_1=1}^{n_1}\sum_{r_3=1}^{n_3}\cdots\sum_{r_S=1}^{n_S}\eta_{r_1r_2\cdots r_S}=1,r_2=1,2,\cdots,n_2\\\cdots\\\sum_{r_1=1}^{n_1}\sum_{r_2=1}^{n_2}\cdots\sum_{r_S=1}^{n_S}\eta_{r_1r_2\cdots r_S}=1,r_S=1,2,\cdots,n_S\end{array}\right\}\tag{4.27}$$

若 $\eta_{r_1r_2\cdots r_S}=1$，则表示 $r_1,r_2,\cdots,r_S$ 对应同一个目标；若 $\eta_{r_1r_2\cdots r_S}=0$，则表示 $r_1,r_2,\cdots,r_S$ 不对应同一个目标。关于多维分配问题的求解，可采用拉格朗日松弛算法。

最优航迹软相关算法能够保证全局意义上数据关联的最优性，在关联正确率上有很大的提高。S-D 分配问题计算复杂度会随着目标数目的增长呈指数规律增长。尽管拉格朗日松弛算法已经在很大程度上减少了数据关联的运算量，但是多维分配思想的航迹关联算法仍然存在着系统计算量巨大的负担。

6. 基于目标分类的改进神经网络算法

把航迹关联问题转换为目标分类问题，从根本上改变了航迹关联算法的思路。如何对多传感器测量航迹数据进行正确关联，从而实现对多目标的航迹跟踪，已经成为当今领域的研究热点。因为目标是客观存在，正常情况下所有传感器在某一时刻对同一目标的测量数据应该是相同的，但是由于噪声影响和传感器系统误差的存在，这些测量数据会有差别，但原则上具有相近性。所有传感器对同一目标的测量结果比较接近，对不同目标的测量结果差异较大，因而这些测量数据在整个空间中分布成多个"数据团"，来自于同一个目标的测量数据形成一个团。于是，可以通过对相同时刻所有传感器的测量数据进行聚类，将航迹关联问题转化为一个多数据聚类分析问题。把来自同一个"数据团"的数据称为关联数据，关联数据各自对应的航迹点称为相关航迹点。这样，通过对连续时间下多传感器数据的不断聚类和关联，由离散的相关航迹点形成相关航迹，便可完成运动目标的航迹关联。神经网络航迹关联算法由聚类关联、目标状态估计和神经元优化、状态融合估计等模块组成，如图 4-18 所示。通过给每个竞争层神经元加上一个合适的阈值，有效避免了常规的神经网络因初始权值选择不合适而容易造成坏死神经元的问题。进一步设计了自组织竞争神经网络学习规则，将多传感器在同一时刻的测量数据进行自组织聚类，从而实现测量数据的有效关联。最后，利用连续时间下的关联数据，实现运动目标航迹关联。

为实现 S 个传感器对 R 个目标的测量向量集的航迹关联，运用改进的 Kohonen 神经网络把测量向量集 M_k 分类。在 k 时刻，通过聚类，得到某 S 个测量值组成的一个类：

$$C_1(k)=\{Z^i(k)\mid i=1,2,\cdots,S\} \tag{4.28}$$

即一组属于目标 r 的测量。为了得到 k 时刻目标 r 更准确的状态，需要对这 S 个测量值进行融合估计。结合卡尔曼滤波器对目标的状态估计，得到这组属于目标 r 的 S 个测量值对应的状态轨迹。取连续时刻的融合聚类中心，即目标 r 的融合跟踪轨迹，完成目标状态估计。

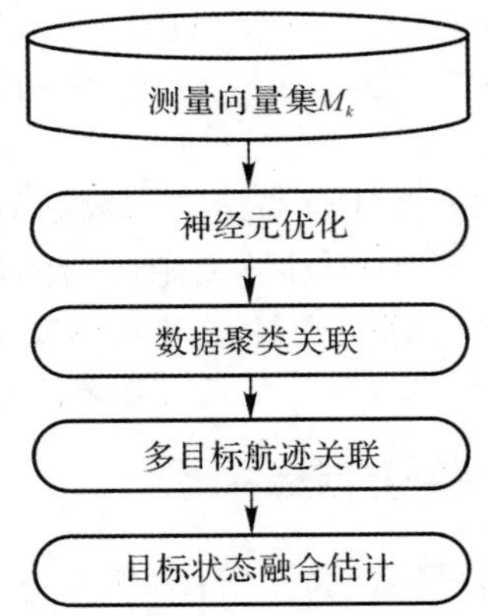

图 4-18　神经网络航迹关联算法流程图

在真实的神经网络中，会存在一种“侧抑制”现象，也就是说一个神经细胞兴奋以后，通过它的末端支路会抑制周边的其他神经细胞的兴奋。通过细胞间竞争作用，兴奋作用最强的神经细胞的抑制作用远远大于它周围所有其他细胞的抑制作用而“获胜”了，其他周围的神经细胞则全“失败”了。自组织竞争人工神经网络便是基于上面的细胞竞争现象产生的，它可以对输入模式进行自组织训练和判断，最终将其划分到各种不同的类型中。

(1)改进 Kohonen 神经网络结构

Kohonen 神经网络由输入层和竞争层组成，设输入层有 N 个神经元，竞争层有 M 个神经元，则其网络结构如图 4-19 所示。

由于网络聚类结果对初始权值的依赖性较大，为了优化 Kohonen 神经网络，使网络聚类结果更加合理，可在竞争层每一个神经元上加上一个合适的偏置(bias)。改进 Kohonen 神经网络结构如图 4-20 所示。

其中网络连接的权为 $W_{ab}(a=1,2,\cdots,N;b=1,2,\cdots,M)$，约束条件为

$$\sum_{a=1}^{n}W_{ab}=1 \tag{4.29}$$

网络有 $S\times R$ 个输入学习模式，其中，在 k 时刻第 i 个传感器对第 r 个目标的测量向量为

$$\boldsymbol{Z}_r^i(k)=[x_1^i(k)\ x_2^i(k)\ \cdots\ x_n^i(k)] \tag{4.30}$$

与其对应的竞争层输出模式为

$$\boldsymbol{Y}_r^i(k)=[y_1^i(k)\ y_2^i(k)\ \cdots\ y_m^i(k)]\quad i=1,2,\cdots,S;r=1,2,\cdots,R \tag{4.31}$$

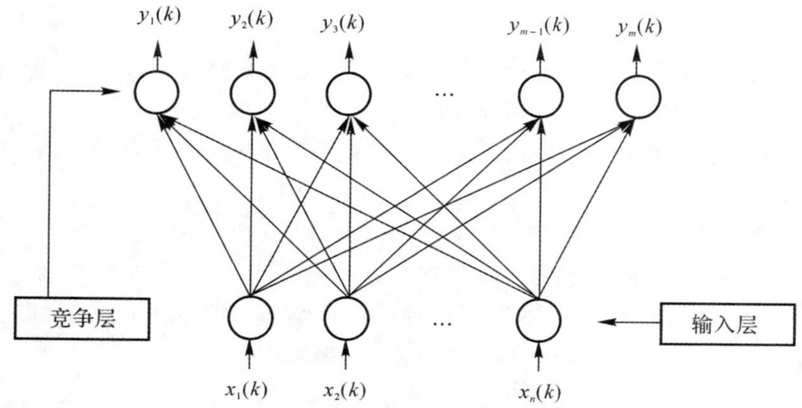

图 4-19 kohonen 神经网络

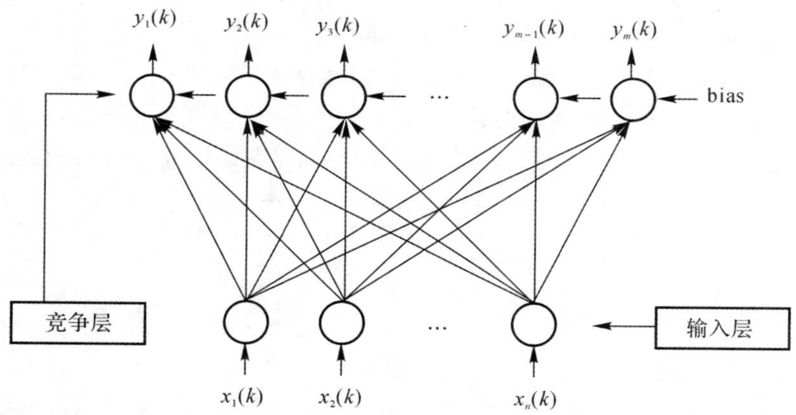

图 4-20 改进 Kohonen 神经网络结构

(2)改进 Kohonen 神经网络学习规则

为了实现更加合理的数据聚类关联和目标分类的预期功能，在上述改进的 Kohonen 神经网络结构基础上，本书设计网络学习规则如下。

第一步，初始化。赋予 W_{ab} 为[0,1]区间内的 $N\times M$ 的随机数，满足式(4.29)的约束条件。赋予 bias(b)为[0,1]区间内的 $1\times M$ 的随机数。

第二步，任选 $S\times R$ 个学习模式中的一个模式 $\boldsymbol{Z}_r^i(k)$ 提供给网络的输入层。

第三步，按照下式计算竞争层各神经元的权值向量与输入向量的距离：

$$d_b = \left\| \sum_{a=1}^{n} (x_a^i(k) - W_{ab})^2 \right\| + \text{bias}(b) \tag{4.32}$$

第四步，按照“距离最小”的原则，求出 d_b^* 满足

$$d_b^* = \min_{1 \leqslant b \leqslant m}(d_b) \tag{4.33}$$

条件下的输出神经元 b^*（$b^* \in [1,m]$）。以 b^* 作为获胜神经元，将其输出设置为 1，而其他所有神经元的输出状态置为 0。

第五步，与获胜神经元 b^* 相连的各连接权按照下式进行修正，而其他所有连接权值不变。

$$W_{ab}(k+1) = W_{ab}(k) + \eta(x_a^i(k) - W_{ab}(k)) \quad (0 < \eta < 1) \tag{4.34}$$

其中，η 为学习速率因子，一般情况下 $0 < \eta < 1$，保证算法收敛。

第六步，bias 学习规则：如果某一神经元经常赢，那么其 bias 逐渐变小一点；如果某一神经元不经常赢，那么其 bias 逐渐变大一点。

第七步，选取另一个学习模式，返回第三步，直到 $S \times R$ 个学习模式全部提供给网络。

第八步，返回第二步，直到各连接权的调整量变得很小为止。

经过上述学习过程，最终训练出的改进的 Kohonen 神经网络就可以完成对 k 时刻测量向量集 M_k 的聚类。若 M_k 被划分为 C 个类，即

$$M_k = \{C_1(k), C_2(k), \cdots, C_C(k)\} \tag{4.35}$$

则来自同一类别 $C_l(k)(l=1,2,\cdots,C)$ 的测量向量判断为航迹关联的。

$$C_l(k) = \{Z^i(k) \mid i = 1,2,\cdots,S\} \tag{4.36}$$

4.3.3 目标估计

目标的估计包括状态估计和身份估计。

状态估计是对目标的位置和速度的估计。位置估计包括估计目标的距离和方位，速度估计包括对目标的速度和加速度进行估计。状态估计的目的是对目标过去的状态进行平滑，对现在的状态进行滤波，以及对未来的状态进行预测。

要对目标状态进行估计，首先要进行跟踪滤波，跟踪要确定正确的跟踪模型和算法。针对线性系统常用的状态估计算法是卡尔曼滤波、$\alpha-\beta$ 滤波和 $\alpha-\beta-\gamma$ 滤波，但是当目标的实际运动和所采用的模型不一致时，滤波器会产生发散现象。对于机动目标的跟踪，主要有自适应卡尔曼滤波、自适应 $\alpha-\beta$ 滤波和多模型滤波等。

身份估计就是对目标进行分类和识别，判断出目标的类型。常用的身份估

计方法有神经网络方法、聚类法以及基于物理模型的方法等。

4.3.4 航迹融合

1. 航迹融合系统结构

应用领域的差异使得对数据融合处理结构的分类不尽相同。对于本书关注的航迹融合类数据融合系统，其处理结构一般来说可以分为 4 种：集中式、分布式、混合式和多级式。

(1)集中式航迹融合

集中式航迹融合也称为点迹级别的数据融合。其特点是由系统的数据融合中心来进行数据的关联、滤波、对准和跟踪等操作。因为所有的局部传感器均将探测到的信息传到了融合中心，因此集中式航迹处理的主要优点就是目标信息丢失少，系统获得了最多的原始数据。由此带来的一个明显的缺点就是，融合中心的数据处理负担大。对系统的实时性要求越高，对处理器的运算速度要求就越高。这种情况下，提高了对系统的硬件要求。而且大量数据的实时传输也使得系统的通信开销很大。为保证系统的完备性，对通信线路的维护也显得特别重要。由于所有可依靠的判决条件均来自融合中心，如果融合中心出现故障，控制中心就完全丧失了对全局的掌控，因此总的来说，该系统的鲁棒性相对较差，其实现也相对比较困难。集中式航迹融合系统结构如图 4-21 所示。

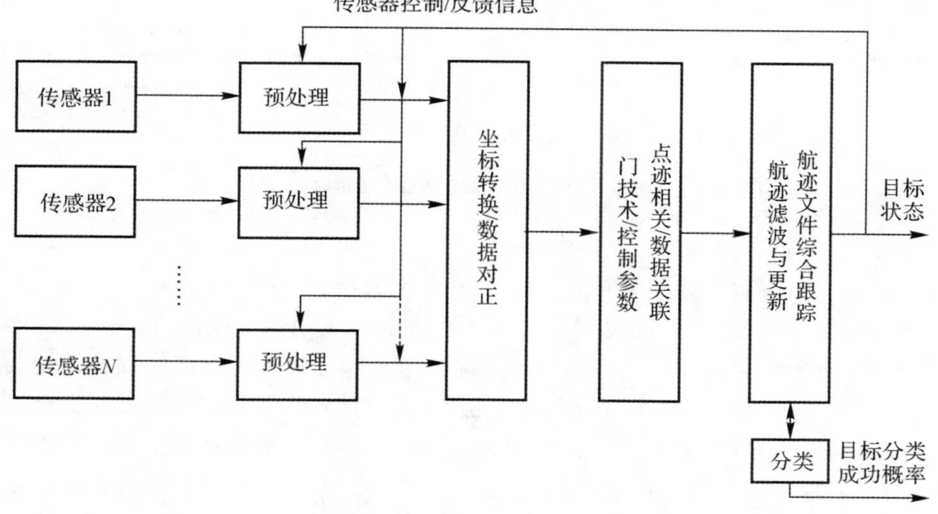

图 4-21 集中式航迹融合系统结构

(2)分布式航迹融合

分布式航迹融合是使各个传感器独立跟踪测量目标,并滤波形成本地航迹后进行融合。其主要特点:所有的局部传感器均对本节点的观测数据进行了处理,生成了本地的目标航迹。然后将本地航迹传递至系统的融合中心,再由系统的融合中心将来自不同局部传感器的航迹数据进行时空对齐,和数据关联,最后通过系统融合生成系统航迹。这种系统结构的优点主要是能够兼顾局部监视,数据传输量较小,通信开销较低。各个局部传感器对本区域的监视是相对独立的,可以独立完成本地监视,如果系统中心出现问题,那么各个局部节点可以进行局部的监视,控制中心不会完全丧失对全局的掌控,因此,系统的稳定性得到加强。又由于各个子系统已经对该传感器获得的数据进行了点迹关联、航迹生成等处理,因而系统融合中心进行的运算减少,对处理器的要求也就降低,该结构就易于实现。正是基于上述原因,该系统也就成为了最常见的融合系统。分布式航迹融合系统结构如图 4-22 所示。

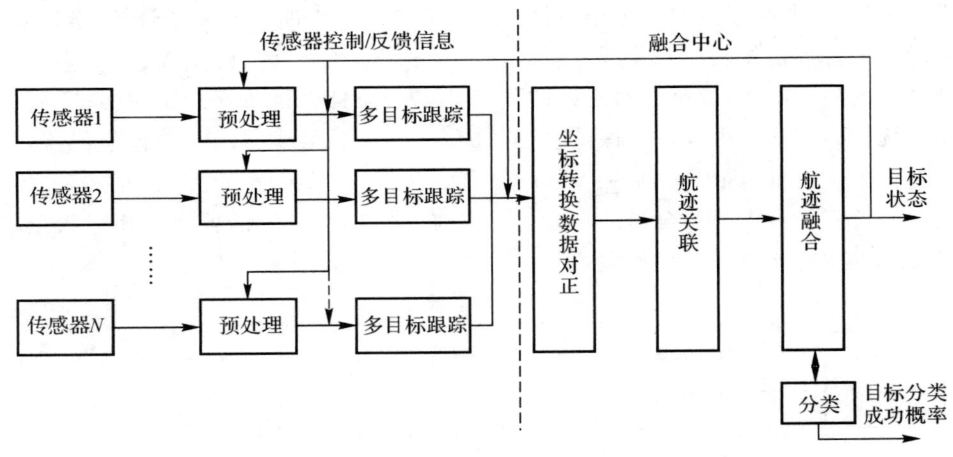

图 4-22 分布式航迹融合系统结构

(3)混合式航迹融合

混合式航迹融合兼具分布式和集中式系统的特点,在分布式系统中保留了集中式的数据传输,因此也被称为点迹和航迹混合级别的数据融合。其结构如图 4-23 所示。它同时传输自己单独量测的信息和经过本地局部处理过的航迹信息,每个处理器将接收到的所有的航迹与自己的局部航迹融合,生成一个全局航迹。当某一参数或某一目标被特别关注,或者需要获得该传感器更详尽的信息的时候,可以将该传感器的数据传递至融合中心进行处理。混合式航迹融合具有集中式和分布式系统的优点,但它是最复杂的融合系统,通信开销大,对计

算的要求高,实际应用中不易实现。

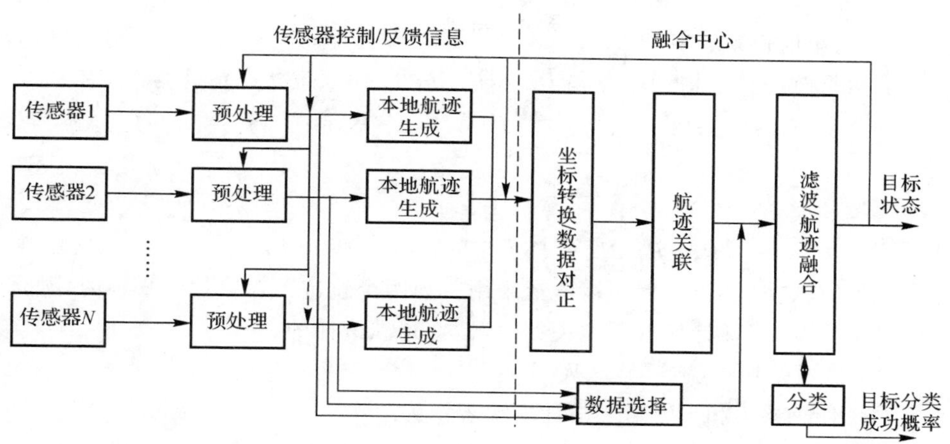

图 4-23　混合式航迹融合系统结构

(4)多级式航迹融合

多级式融合系统的主要特点是系统要经过两级以上的融合处理。相对于最终的系统融合中心,每个局部节点可以是上述 3 种基本结构中的一种,可以称之为局部融合中心。系统的融合中心从这些节点获得数据,再进行融合,因此被称为多级式航迹融合。其系统结构如图 4-24 所示。当每个局部融合中心都是一个传感器时,就简化为了上述 3 种航迹融合系统中的一种。

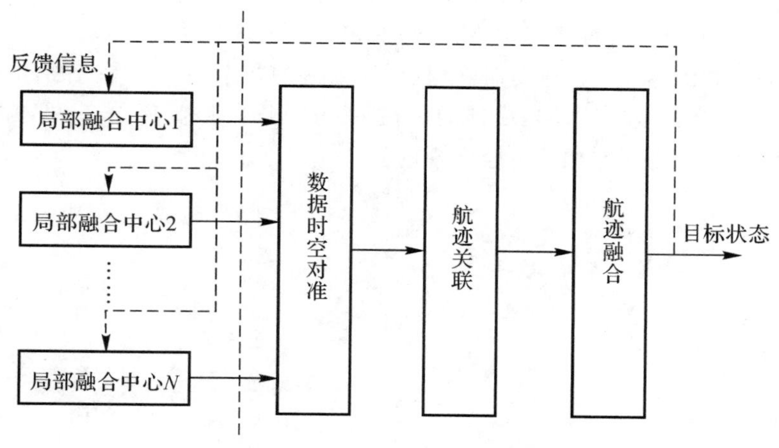

图 4-24　多级式航迹融合系统结构

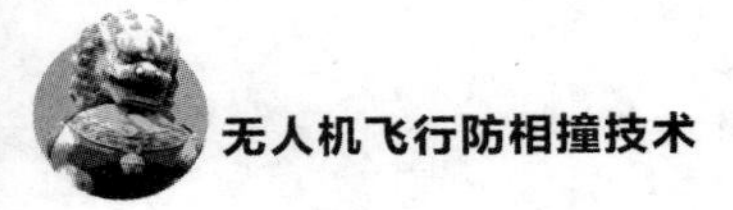

2. 航迹融合算法

(1)简单航迹融合算法(SF)

当两条航迹状态估计协方差 $P_{ij}=P_{ji}\approx 0$ 时,系统状态估计为

$$\hat{X}=P_j(P_j(P_i+P_j)^{-1}\hat{X}_i+P_i(P_j+P_i)^{-1}\hat{X}_j)=P(P_i^{-1}\hat{X}_i+P_j^{-1}\hat{X}_j) \tag{4.37}$$

系统的误差协方差为

$$P=P_i(P_j+P_i)^{-1}P_j=(P_i^{-1}+P_j^{-1})^{-1} \tag{4.38}$$

这种方法实现简单,因而被广泛采用。当两个航迹不存在过程噪声时,融合算法是最佳的,当估计误差是相关的时候,它是准最佳的。

(2) 协方差加权航迹融合(WCF)

两个传感器 i 和 j 的两个估计之差表示为

$$d_{ij}=\hat{X}_i-\hat{X}_j \tag{4.39}$$

则 d_{ij} 的协方差矩阵

$$E\{d_{ij}d_{ji}\}=E\{(\hat{X}_i-\hat{X}_j)(\hat{X}_i-\hat{X}_j)^{\mathrm{T}}\}=P_i+P_j-P_{ij}-P_{ji} \tag{4.40}$$

式中,$P_{ij}=P_{ji}$ 为两个估计的互协方差。

系统状态估计:

$$\hat{X}=\hat{X}_i+(P_i-P_{ij})(P_i+P_j-P_{ij}-P_{ij})^{-1}(\hat{X}_i-\hat{X}_j) \tag{4.41}$$

系统误差协方差:

$$P=P_j-(P_i-P_{ij})(P_i+P_j-P_{ij}-P_{ij})^{-1}(P_i-P_{ji}) \tag{4.42}$$

当互协方差可以忽略时,该算法就变成了简单融合算法,该算法能够控制公共过程噪声,但是需要计算互协方差,从一定程度上增加了计算量。

如果在对传感器航迹进行融合时,系统航迹的状态估计不参与融合,就不存在相关问题,这种全局估计是最佳的。在每一个融合时刻,所得到的全局航迹,都是由传感器航迹间的相互融合实现的。

第5章 无人机防相撞飞行管理技术

当前，无人机违法违规飞行，造成的潜在安全隐患可概括成以下几方面：与有人飞机或其他交通工具、公共设施相撞；运送货物掉落或机体故障掉落；扰乱公共秩序；利用无人机进行袭击甚至恐怖袭击；航拍无人机窥视带来隐私危机；运毒新手段等。其中，对民航安全的威胁是最显而易见的，因为任何升空物如果与航空器相撞或被吸入航空器发动机，都可能造成机毁人亡的严重后果。近两年，在北京、上海、深圳、武汉、杭州、昆明、成都、重庆、西安等地，多次发生无人机违法违规飞行影响民航运行的事件，特别是成都地区，仅2017年4,5月连续发生8次无人机扰航事件，其中6起影响航班运行，造成138架次航班返航备降。因此，无人机飞行防相撞，既要从无人机机载设备发展技术着手，也要从无人机防相撞飞行运行管理着眼，梳理目前无人机飞行管理环境，借鉴国外无人机飞行管理经验，提高无人机防相撞飞行管理水平。

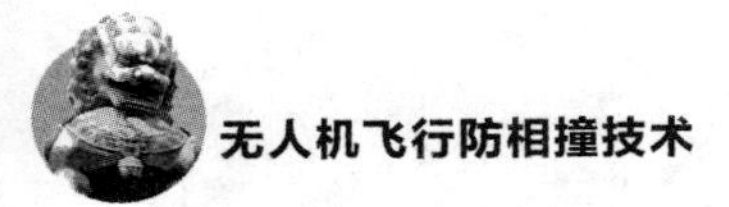

|5.1 当前无人机飞行管理环境梳理|

5.1.1 无人机法规标准

法律制度方面，迄今为止，空军颁布《无人机飞行航空管制规定（暂行）》，公安部发布《警用无人机（无人驾驶航空器）管理暂行规定》，民用航空局制定的规范性文件（包括咨询通告）主要有《民用无人机（无人驾驶航空器）系统空中交通管理办法》《轻小型无人机运行规定（试行）》《民用无人机驾驶员管理规定》《民用无人机（无人驾驶航空器）实名制登记管理规定》。可以看出，我国的无人机（无人驾驶航空器）飞行管理法规体系的大框架已经搭成，但还缺乏具体对于无人机（无人驾驶航空器）违规处置的法律，以及无人机（无人驾驶航空器）使用空域的管理规定等。不论哪个行业，无法可依是一切秩序混乱的根源，应当加快完善无人机（无人驾驶航空器）法规体系，避免不法分子"钻空子"。

无人机（无人驾驶航空器）标准方面，由于无人机（无人驾驶航空器）领域的标准化工作起步较晚，目前我国已颁布的无人机（无人驾驶航空器）专用指导性文件只有 17 项，包括试验、遥测遥控、发射回收、动力等方面，覆盖领域非常不全面，其中对无人机（无人驾驶航空器）研制生产的规定较少，并且这些文件大多从整体要求考虑，缺少具体性，由此可以看出，我国还没有形成完整的体系来规范

无人机(无人驾驶航空器)产品标准。

5.1.2　无人机监管机制

1. 监管部门

无人机(无人驾驶航空器)涉及生产、销售、飞行者资质、事后处罚等环节,而涉及的监管部门众多,有公安部门、工商部门、体育部门、安全监管部门、民航部门、气象部门、军民航空管部门等。行业主管部门包括中国民用航空局及中国民航地区管理局,行业协会包括中国航空运输协会(简称“中国航协”)、中国航空器拥有者及驾驶员协会(AOPA)等。

中国民用航空局作为民用无人机(无人驾驶航空器)的主管部门,目前已经落实无人机(无人驾驶航空器)实名登记制度,以及发布了民用机场保护范围数据,并且正在制定使用无人机(无人驾驶航空器)开展通用航空经营活动准入管理规定,针对发展的特点和需求,拟将部分经营项目列为许可对象。其中,国家空管部门理应发挥至关重要的作用,加快空域管理改革步伐,积极办理拥有无人机(无人驾驶航空器)的个人、企业从事无人机(无人驾驶航空器)飞行活动的许可申请,安全实施空中交通管理和空中应急处理,从严查处违法违规飞行。

2. 监管平台

随着信息技术和大数据发展,无人机(无人驾驶航空器)监管进入“云”监管时代,云技术下的无人机(无人驾驶航空器)即时空管服务,为用户提供及时准确的无人机(无人驾驶航空器)飞行计划报备、飞行情报通报、飞行数据监视、告警等服务,无人机(无人驾驶航空器)飞行时所有动作变化,包括航迹、高度、速度、位置、航向等都会被实时纳入云数据库并存储。目前已经有三家云平台为无人机(无人驾驶航空器)提供服务,包括 U－Cloud,U－care 和 GEO,这些平台将为空域安全和监管提供有力保障,使监管者能够确保飞行安全。据统计,2018 年 1～8 月共计实现 5.48 万架次无人机(无人驾驶航空器)飞行、跟踪管理。但是,由于无人机(无人驾驶航空器)监管行业是新兴市场,部分功能还不够成熟,仍然存在用户接入价格高昂、空域申请流程复杂以及受法律政策影响大等缺陷。与此同时,无人机(无人驾驶航空器)登记注册平台、经营管理平台和监管运行平台也正在开发。但是,仅靠这些平台仍远远达不到全面有效监管,应当通过加大无人机(无人驾驶航空器)法规政策宣传力度,鼓励群众互相监管,实施举报违规飞行奖励机制等措施强化管理。

5.1.3 无人机飞行空域

对于无人机(无人驾驶航空器)飞行的专用空域,还没有具体明文规定,仍按照通用航空使用空域要求执行。无人机(无人驾驶航空器)飞行目前采用划设临时隔离空域的方法,遵循预先申请后使用、使用后撤销的原则,并且申请内容应包括使用空域的范围、时间、任务等,以避免与有人驾驶航空器在同一空域飞行。

现有的划设隔离空域办法对无人机(无人驾驶航空器)的种类有限制,例如中远程无人机(无人驾驶航空器)飞行很难避开有人驾驶航空器,一些校飞试验机也没有专有场地。无人机飞行空域划设区分不同类型的无人机飞行特点,以隔离运行为主,兼顾部分混合飞行需求,明确飞行空城水平、垂直范围及使用时限。

5.1.4 无人机人员管理

无人机(无人驾驶航空器)应用于各个领域,使用人群也呈现多样化,不仅有个人用于娱乐、竞技等活动,还有单位用于航拍、电力、农业、测绘等作业。这些与无人机(无人驾驶航空器)飞行相关的人员属性不一,涵盖不同年龄段、不同社会阶层,根据无人机(无人驾驶航空器)的类型、从事无人机(无人驾驶航空器)飞行的地点等因素又可以区分为不受管辖、重点管辖和适当管辖的人员。

中国航空器拥有者及驾驶员协会(AOPA)2004 年经国务院批准在民政部注册,由民用航空局主管。该协会是国际航空器拥有者及驾驶员协会(IAOPA)的国家会员,为中国(包括台湾、香港、澳门)当前唯一的航空器驾驶员资格认证管理机构,颁发“无人机(无人驾驶航空器)驾照”。目前民航局认可的 200 多家无人机(无人驾驶航空器)操控人员培训机构,核发了 14 000 多个无人机(无人驾驶航空器)驾驶员合格证,形成了一定的规模。在开展人员教育和培训等方面,应当根据无人机(无人驾驶航空器)种类、用途,开设各种形式的无人机(无人驾驶航空器)飞行资格培训班,或者授权其他教育机构开设课程,目的是丰富无人机(无人驾驶航空器)驾驶员理论知识,加强航空法规教育,强化无人机(无人驾驶航空器)驾驶员飞行实践。

5.1.5 无人机管控技术

目前民航空管的监视手段多采用一次雷达和二次雷达,多点相关定位系统 ADS－B 技术也在逐步应用。一次雷达对于低、慢、小航空器的监视力度不够,

二次雷达需要在航空器上装备应答设备，并不适用于大多数无人机(无人驾驶航空器)。无人机(无人驾驶航空器)机载传感器的视野较为狭窄，导致其环境感知力较差，由于易受信号干扰、数据传输有时间延迟，地面操作员往往无法及时察觉空中情况，空管部门也没有对无人机(无人驾驶航空器)的监视手段，这也给空中交通管理带来了挑战。

除此之外，大多无人机(无人驾驶航空器)也没有安装 TCAS，无法通过信号询问/应答的方式来对周边空域保持监测，并且无人机(无人驾驶航空器)在自主飞行时不能依靠 TCAS 来防止相撞，因此，目前已经提出对无人机(无人驾驶航空器)自主感知-避让系统的研究，期望能够探测正在逼近的各种飞行器和其他障碍物，并通过飞行控制系统强制无人机(无人驾驶航空器)进行合理的规避动作，以确保不会发生空中碰撞事件。

全球定位系统(GPS)/惯性导航(INS)组合的导航方式，被当前大多无人机(无人驾驶航空器)所采用，因此地面操作员能否准确掌握自己的无人机(无人驾驶航空器)位置完全取决于导航装备和性能，这对导航系统定位精度的要求很高。随着我国北斗卫星导航系统(BeiDou Navigation Satellite System，BDS)建设的逐步推进，未来我国无人机(无人驾驶航空器)系统将有更多的选择性，有望建成以北斗卫星导航系统为依托的空中交通网络。

5.2 国外无人机飞行管理经验借鉴

纵观国外无人机(无人驾驶航空器)发展历程，美国和欧洲的无人机(无人驾驶航空器)系统应用一直走在世界前列，其民航局已经发布的无人机(无人驾驶航空器)管理规定具有极高参考价值。总体而言，目前国外对于民用无人机(无人驾驶航空器)的监管也是刚刚进入规范管理阶段，处于不断的摸索完善中，而无论从法规标准还是飞行管理现状来看，我国与欧美国家之间还是存在差距。

5.2.1 国外无人机空域管理经验

目前美国和欧洲无人机(无人驾驶航空器)空域管理主要采用划定隔离空域的方法来保证安全。在美国本土，联邦航空局(FAA)规定无人机(无人驾驶航空器)只能在限定的空域内(18 000 ft(5 487 m)以下)飞行，某些情况下允许无人机(无人驾驶航空器)在管制员连续的雷达监控下在 18 000 ft(5 487 m)以上飞行；但是无人机(无人驾驶航空器)高空飞行时必须有一架“伴随巡逻”的有人飞机目视跟踪监视无人机（无人驾驶航空器）的飞行，以向其操控人员提供“看见并规避”的安全保障。澳大利亚存在大量空域供无人机（无人驾驶航空器）运行使用，并且目前澳大利亚有若干关于无人机（无人驾驶航空器）和有人驾驶飞机同时安全有效利用空域的项目，如自动管理隔离系统，避让活动或静止障碍物的监测、避让系统等。

为了能更广泛地使用无人机（无人驾驶航空器），美国和欧洲很早就开始研究如何将无人机（无人驾驶航空器）整合到统一的空管系统当中，让无人机（无人驾驶航空器）和有人驾驶航空器使用统一的空域。欧洲航行安全组织在2007年12月公布了军用无人机（无人驾驶航空器）与民用飞机共同使用空域时对无人机（无人驾驶航空器）的要求。美国国防部和联邦航空局近年也制定了《无人飞行系统空域融合计划》，明确了近、中、长期实施方案，最终目的是要使国防部的所有无人飞行系统能像有人驾驶飞机一样在国家空域内正常飞行。这些对我们同样有参考价值。

5.2.2 国外无人机分类监管经验

美国联邦航空局从运行角度，将无人机（无人驾驶航空器）用途分为三类，即公共运行、民用运行和航模运行，并制定了相关规定：

1）公共运行，也称政府性运行，应用于执法调查、抢险救灾、训练飞行、非战争军事行动等任务，采取授权或豁免证书（COA）来批准运行。要求只能在人员稀疏区并在可视范围内活动。

2）民用运行，也称非政府性运行，应用于科研、商业、农业、电影和视频制作等领域，采取COA认证或特殊适航证（SAC），申请人认证时应提供无人机（无人驾驶航空器）系统的相关情况，包括设计、应用、飞行空域等。

3）航模运行，主要针对购买航空模型用于娱乐的个人玩家。其飞行要求为：飞行高度低于400 ft（122 m），重量低于55 lb*（25 kg），周围无障碍物，无密集人群，运行始终在可视范围内，与有人航空器运行保持足够距离并不对其产生干扰，未获机场塔台批准不能飞入机场5 mi**（8 047 m）范围内区域。该类型的无人机（无人驾驶航空器）运行可不获FAA批准。

英国民航局（CCA）已经将个人操作无人机（无人驾驶航空器）纳入监管体系中，并将无人机（无人驾驶航空器）大致分为“商业用途”和“个人使用”两类来

---

* lb为非法定计量单位，1 lb=0.453 6 kg。

** mi为非法定计量单位，1 mi=1.609 344 km。

进行分类管理。对于商业用途无人机(无人驾驶航空器),需要获得 CAA 的许可并购买意外保险,无人机(无人驾驶航空器)操作员也需要符合相应安全标准。欧盟对于无人机(无人驾驶航空器)的政策被认为最鼓励商用无人机(无人驾驶航空器)的发展,例如在芬兰,目前政府允许无人机(无人驾驶航空器)在操作人员视线外飞行,并允许无人机(无人驾驶航空器)操作员无须证照即可“上岗”。而在澳大利亚,商用无人机(无人驾驶航空器)目前仍需注册,但是商用无人机(无人驾驶航空器)每次运输货物重量在 2 kg 以内,操作人员无须证书或申请澳大利亚民航局审批。在新西兰,无人机(无人驾驶航空器)送货开展得更早,新西兰地广人稀的特点有利于无人机(无人驾驶航空器)落地送货。但是,诸如纽约这种大城市,放开无人机(无人驾驶航空器)送货无疑面临更大的风险,因此美国联邦航空局并没有对商用无人机(无人驾驶航空器)做出明确规定,目前美国本土市场缺乏针对无人机(无人驾驶航空器)送货的相应管理措施。

5.2.3 国外无人机适航标准与资格认证制度

1. 无人机适航认证

适航认证作为无人机(无人驾驶航空器)运行管理的重要组成部分,在各国的无人机(无人驾驶航空器)管控规章制度中都有所体现。美国联邦航空局将有人驾驶航空器的标准经过裁剪,变为无人机(无人驾驶航空器)适航标准。标准分为三级:1 级标准要求无人机(无人驾驶航空器)严重事故率低于 1 次/100 000h;2 级标准要求无人机(无人驾驶航空器)严重事故率低于 1 次/10 000h,2 级是携带武器无人机(无人驾驶航空器)的最低要求;3 级要求严重事故率低于 1 次/1 000h。

北约对无人机(无人驾驶航空器)的适航管理分为 3 类。Ⅰ类无人机(无人驾驶航空器):起飞重量小于 150 kg,须在 G 类空域内飞行,最大飞行高度不能超过真高 365 m,通常限制在视距内飞行,但仍须通过适航和飞行员资格审查等。Ⅱ类无人机(无人驾驶航空器)是执行特定任务的非标准无人机(无人驾驶航空器),必须提供通过适航和飞行员资格审查的相关证明,可在某些特定限制下飞行。Ⅲ类无人机(无人驾驶航空器)具备在所有空域飞行的能力,要遵守所有的空管法规,并应具备感知和避让能力。

2. 无人机标准体系

欧美国家采用的军民用无人机标准主要有以下几类:

1)美国 ASTM 协会标准。该协会中有专门关于“无人机”的分组织,目前制

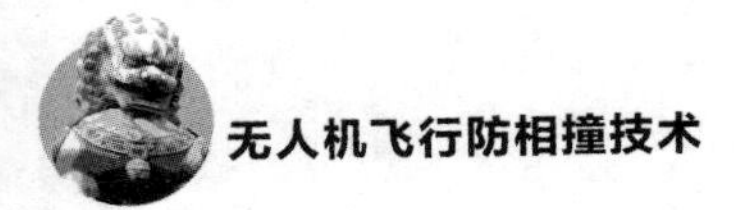

定的标准有《无人机发现与规避系统的设计与性能规范》《无人机系统设计、制造和测试标准指南》《无人机系统标准术语》《无人机飞行员和操作员的发证和定级》等。

2)美国军用标准。包括《液体火箭发动机弹射式发射器》《火箭和靶机降落伞回收系统设计通用设计要求》《动力推进的空中靶机的设计和制造通用规范》《MA－1型靶机飞行控制系统》。

3)英国国防部防御系列标准。该标准体系内容丰富、涵盖面广，几乎涉及无人机的各个分系统，同时，该系列标准在无人机的电磁兼容性、可靠性、使用气候条件等方面都有专门的规定，而目前我国标准在这些方面还未曾涉及。

3.无人机驾驶资格执照

2016年8月，美国联邦航空局颁布的无人机(无人驾驶航空器)管理条例生效。美国联邦航空局新政策表示，无人机(无人驾驶航空器)使用者不需要考无人机(无人驾驶航空器)驾驶证，只需通过准备操控无人机(无人驾驶航空器)知识测试，即可获得驾驶无人机(无人驾驶航空器)的资格，并对“飞手”年龄加了限制。对于商业无人机(无人驾驶航空器)驾驶员，美国联邦航空局也不强制需要持无人机(无人驾驶航空器)驾驶证，但必须遵守无人机(无人驾驶航空器)飞行高度和速度的限制。据了解，目前共有3 000多家企业申请了美国政府颁发的飞行特赦令。

CAA的人员执照部门(Personnel Licensing Department)在确定无人机(无人驾驶航空器)驾驶员是否有驾驶某无人机(无人驾驶航空器)资格时，考虑的因素有：驾驶员经验、最大航空器质量、飞行管制模式、操作的控制以及危险评估。英国法律规定，无人机(无人驾驶航空器)的飞行高度不得超过400 ft，飞行时必须在操控者的视线范围内，并远离民航客机、直升机和机场。

5.3 我国无人机飞行管理对策建议

无人机(无人驾驶航空器)飞行管理制度的确立，应该遵循既要保证安全，又不能阻碍无人机(无人驾驶航空器)技术发展的原则，目标是将无人机(无人驾驶航空器)系统整合到现有的空域系统之中，实现空中交通的有序运行。其内容应当包括制定无人机(无人驾驶航空器)的适航标准，实行无人机(无人驾驶航空器)飞行员的资格许可制度，明确无人机(无人驾驶航空器)飞行申请和批准的权限，制定无人机(无人驾驶航空器)飞行空域划设和使用的规定，确定无人机(无

人驾驶航空器)之间以及与有人驾驶航空器之间的飞行间隔和避让原则，对此，提出以下无人机防相撞飞行管理设想。

5.3.1 实施分级分类区别管理

无人机(无人驾驶航空器)类型繁多，从几十克的航模、儿童玩具到大型飞艇，从无线电遥控设备到由自身程序装置操作的飞行器，都属于该范畴。界定需要接受管制的无人机(无人驾驶航空器)范围，实施无人机(无人驾驶航空器)分类，可以从以下几个维度考虑：重量(最大起飞重量及载重)、飞行高度、飞行距离、飞行占用的空域以及从用途细化市场产品。

对无人机(无人驾驶航空器)的飞行，可以从使用空域角度考虑，区分以下三种情况进行管理：

一是注册类航空器/Ⅲ类，包括大型国家无人机(无人驾驶航空器)。可以在所有空域中运行，遵循有人驾驶航空器的飞行规则。

二是非标准航空器/Ⅱ类，除模型外的军民用航空器，要求通过适航资格认证、操作人员资质审定。

三是遥控模型机/Ⅰ类，包括运动类、休闲类、业余自制类无人机(无人驾驶航空器)，这类无人机(无人驾驶航空器)须有飞行高度、速度、位置限制。

5.3.2 划设疏导消费专用空域

对于应用于各个领域的无人机(无人驾驶航空器)来说，根据无人机(无人驾驶航空器)的性能和飞行任务，划设相应专用空域是十分必要的，但对目前数量庞大的消费类无人机(无人驾驶航空器)来说，也应当通过划设娱乐、消费专用隔离飞行空域供其飞行，进一步疏导广大消费者飞行时远离军民用机场、大中城市及人口密集地区和重要保护目标上空区域，达到既满足广大航空爱好者的娱乐、消费需求，又确保军民航机场的飞行安全和重要目标的保卫安全的目的。划设无人机(无人驾驶航空器)飞行隔离空域时应当明确使用空域范围和上下限、使用时间，划设时应避开已有的有人驾驶航空器航路、航线及飞行空域。空域的边界与其他飞行空域、航路、空中走廊的边界以及航线的水平间隔均不得小于 10 km。

5.3.3 开展军地联动军民共管

加快建立军地联合监管机制，重点要建立完善军地联管、空地联动应急处置机制。军民航是无法分割的，军用无人机（无人驾驶航空器）尤其是大中型长航时无人机（无人驾驶航空器）的装备和使用，军机作战训练进入军民航有人飞机活动空域的情况必然会出现，但应确保一旦出现情况，能够快速处置，最大程度降低对民航正常飞行秩序的影响。对于民用无人机（无人驾驶航空器）的管控，军民航空管部门应加强协调，密切配合地方公安部门做好查处工作。建立军民共管、军地联动的管控机制要区分军民管辖区域范围，明确责任分工和管理权限，进行协同管理。

中国人民解放军空军组织实施全国的飞行管制工作，应当及早制定有关无人机（无人驾驶航空器）飞行活动的管制规定，以有效监控无人机（无人驾驶航空器）的飞行活动，保证无人机（无人驾驶航空器）不影响其他飞行器的正常飞行，避免与有人驾驶航空器发生相撞，确保空中飞行安全。根据军民航空管分工，在航路航线和民航机场终端区飞行的无人机（无人驾驶航空器）空域的划设及飞行申请、批复，应由民航空管部门承办，在以上区域以外飞行空域的划设及飞行申请、批复应由其所在地区管辖，即在飞行管制分区内的，由负责该分区飞行管制的部门批准；超出飞行管制分区在飞行管制区内的，由负责该管制区飞行管制的部门批准；在飞行管制区间的，由空军批准。对无人机（无人驾驶航空器）违法违规飞行的单位、个人的查处，飞行管制部门负责组织查处工作的协调和空中不明情况的查证处置；民用航空主管部门负责对民用无人机（无人驾驶航空器）操控人员及其所在单位、无人机（无人驾驶航空器）生产单位进行行业处罚；公安部门负责对民用无人机（无人驾驶航空器）落地后的现场处置及无人机（无人驾驶航空器）操控人员、运行单位负责人和其他相关责任单位和个人采取措施或处罚；工商部门负责对民用无人机（无人驾驶航空器）生产销售单位、个人进行处罚；武装力量相关职能部门负责对军用、警用无人机（无人驾驶航空器）违法违规飞行的处罚。

5.3.4　强化相关人员管理教育

无人机（无人驾驶航空器）相关人员主要包括操控人员、保障人员、研发人员、销售人员和维修保险人员。其中，无人机（无人驾驶航空器）操控人员最为关键，是管理教育的重点，操控指定型号的无人机（无人驾驶航空器），必须经过规定内容的正规培训。培训应当包括以下内容：

1）所操控机型的无人机（无人驾驶航空器）系统和操作规范。

2）航空学概论，包括空中交通管理、航空法规、飞行原理等。

3）通信、导航、气象学。

4)无人机(无人驾驶航空器)特殊操作及应急处置方案。

有关部门应参考机动车驾驶证审查考核方法,利用必要的考核制度、资质审定办法审核无人机(无人驾驶航空器)操作人员是否具有操控无人机(无人驾驶航空器)的资格。无人机(无人驾驶航空器)操控人员资格许可要考虑飞行员的培训情况、飞行经验、无人机(无人驾驶航空器)的类型以及飞行控制的方式等因素。除此之外,参考其他类似行业管理规范,无人机(无人驾驶航空器)生产、销售、保险以及维修人员也应该具备相关法律知识、专业素养,获得行业资格许可证才能从业。资质证书由军民航指定部门颁发。

5.3.5 重视生产销售注册登记

注重无人机(无人驾驶航空器)生产、销售过程中的质量把关,严格把握适航标准,主要包括:

1)认定无人机(无人驾驶航空器)型号,颁发型号合格证,严禁不明物升空。

2)审定无人机(无人驾驶航空器)主要部件、零件的生产许可,规范生产商。

3)售卖无人机(无人驾驶航空器)的商家应取得销售资格,杜绝无人机(无人驾驶航空器)私自贩售、不正当交易。

4)建立无人机(无人驾驶航空器)销售登记和实名制度,购买无人机(无人驾驶航空器)时,必须进行销售登记,同时在管理部门进行实名注册登记。

5)维修企业应当获得维修资格证书,机务维修人员也需要通过考核。

6)对于不符合适航要求、违反规定的企业或个人,应视情警告、罚款或吊销相关执照。

有数据显示,目前中国的无人机(无人驾驶航空器)在 2 万架以上,但全国拿到无人机(无人驾驶航空器)驾照的人数仅 1 万多人。因此,单纯发布规定远远不够,还应加强规定的全面落实。

5.3.6 加大违规飞行处罚力度

建立溯源责任机制,即通过无人机(无人驾驶航空器)产品可以查询出无人机(无人驾驶航空器)从产品设计、元器件生产供应到成品组装、销售、维修服务等整个产业链环节的经营信息,即使在经营过程中出现差错,管理部门也可根据无人机(无人驾驶航空器)溯源至需要查询的具体环节。轻小型无人机(无人驾驶航空器)至少应具备无人机(无人驾驶航空器)身份 ID 标识,管理人员可根据 ID 查明相关运营单位和人员信息;对于较大型无人机(无人驾驶航空器),应具

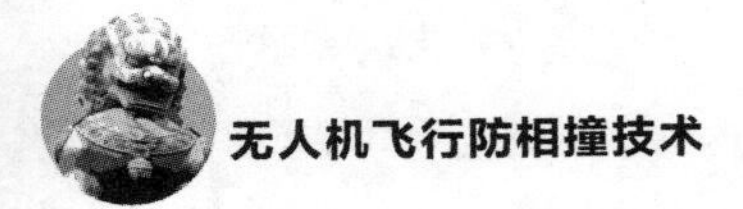

备更智能化的无人机（无人驾驶航空器）管理办法，如：主动上报、实时监测。

出台监管政策，建立配套处罚机制，禁止违规施放无人机（无人驾驶航空器）的行为，禁止未经准入的无人机（无人驾驶航空器）进入机场净空保护区、有人驾驶航空器航路航线及重点部位与重要目标上空，影响有人驾驶航空器正常飞行以及威胁重要目标安全。为打击"黑飞"无人机（无人驾驶航空器），发现违反国家相关飞行规定的行为后，应明确责任主体，实施有效问责，具体处罚方案可包括警告、罚款等，情节严重者应处以刑事拘留。制定法规时应当明确加大对违法违规飞行的处罚力度，通过增加违法成本，达到有效遏制"黑飞"等违法违规飞行。同时也要大力倡导各地实施无人机（无人驾驶航空器）违规行为举报奖励措施等新政。

5.3.7 加强管控技术设备研发

民航空管部门可以在人口稠密的上空、机场净空区域、客机起降航线范围内、军事敏感地区等场所，划设无人机（无人驾驶航空器）限飞、禁飞区域，并利用新兴管控技术设备，通过加强无人机（无人驾驶航空器）监管手段，建立反无人机（无人驾驶航空器）系统，实现对这些区域的安全保护。

无人机（无人驾驶航空器）生产厂家在制造无人机（无人驾驶航空器）系统时应加装导航设备以便准确定位、密切关注飞行中的无人机（无人驾驶航空器），还可以升级无人机（无人驾驶航空器）控制程序使无人机自主绕飞受限区域，或在进入受限区域时能自行降落。相关部门应在无人机（无人驾驶航空器）限飞、禁飞区周围加装电子围栏进行物理隔离，对于不受管控入侵的无人机（无人驾驶航空器），可采用无线电诱捕、网捕设施使其迫降，对于严重影响公共安全的无人机（无人驾驶航空器），必要时可采用激光打击等方法进行毁伤。

参考文献

[1] 中华人民共和国民用航空法,1996.

[2] 中华人民共和国飞行基本规则,2007.

[3] 飞行间隔规定,2003.

[4] 陈金良.无人机飞行管理[M].西安:西北工业大学出版社,2014.

[5] 陈金良,郭方月.基于当前环境的无人驾驶航空器飞行管理设想[J].北京航空航天大学学报,2017,30(5):37-43.

[6] 张兆宁,王莉莉,李冬宾.飞行间隔安全评估引论[M].北京:科学出版社,2009.

[7] 陈东宁.航空概论[M].北京:国防工业出版社,2008.

[8] Xavier P, Luis D, Jorger, et al. Requirements, issues, and challenges for sense and avoid in unmanned aircraft systems[J]. J of Aircraft, 2012, 49(3):677-687.

[9] How J P, Fraser C, Kulling K C, et al. Increasing autonomy of UAVs[J].IEEE Robot.Autom, 2009, 16(2):43 - 51.

[10] 党芬,王敏芳,汪银辉.无人机发展现状及趋势[J].地面防空兵器,2005(3):49-54.

[11] Konstantions D, Kimon P V, Les A P. On integrating unmanned aircraft systems into the national airspace system[M]. 2nd ed. Berlin: The Springer Shop, 2012:11-42.

[12] 吴立珍,沈林成,牛轶峰,等.无人机战场环境感知与理解技术研究[J].系统仿真学报,2010,22(1):79-84.

[13] Chimowicz L, Cowley A, Gomez - Ibanez D, et al. Deploying air - ground multi - robot teams in urban environments[J]. Information Fusion, 2005, 3(2):223 - 234.

[14] Steinberg A N, Bowman C L, White F E. Revisions to the JDL Data Fusion model[J].NSSDF, 1998,14(1): 235 - 251.

[15] DoD.Unmanned Aircraft Systems Roadmap 2005 - 2030, Department of Defense (DoD)[S].Washington: [s.n.],2005.

[16] Kokar M M, Ng G W. High - level Information Fusion and Situation Awareness[J]. Information Fusion (S1566 - 2535), 2009, 10(1): 2 - 5.

[17] 杨有龙，高晓光. 无人战斗机的态势感知模型框架[J]. 飞行力学，2003, 21(3): 6 - 9.

[18] Higgins R P. Automatic Event Recognition for Enhanced Situation Awareness in UAV Video[C]// IEEE Military Communication Conference (MILCOM2005).Atlantic City: NJ,2005:1 - 6.

[19] Merino L, Caballero F, Martinez - de Dios J R, et al. A Cooperative Perception System for Multiple UAVs: Application to Automatic Detection of Forest Fires[J]. Journal of Field Robotics,2006, 23(3/4): 165 - 184.

[20] 赵鑫.空中防撞与近地告警综合系统研究[D].南京:南京航空航天大学,2012.

[21] Tang J, Piera M A, Ling Y, et al.Extended traffic alert information to improve TCAS performance by means of causal models[J]. Math. Problems Eng, 2015(2):1 - 11.

[22] Livadas C, Lygeros J, Lynch N A. High - level modeling and analysis of the trafficc alert and collision avoidance system (TCAS)[J].IEEE, 2000,88(7): 926 - 948.

[23] 王琦. 基于 ADS - B 的飞行航迹获取研究与实现[D].长春:吉林大学,2015.

[24] Robert C S,Matthew T D,Moody J C. A lightweight,low - cost ADS - B system for UAS applications[C]//AIAA - 2007 - 2750. Mclean: MITRE, 2007:1 - 9.

[25] Lai C, Ren Y, Lin C. ADS - B based collision avoidance radar for unmanned aerial vehicles[J]. International Microwave Symposium Digest, IEEE, 2009(9):85 - 88.

[26] Hicok D, Lee D. Application of ADS - B for airport surface surveillance [C]// IEEE Digital Avionics System Conference. Virginia: IEEE, 1998:1 - 8.

[27] Florent M, Michael M, Naima K, et al. Flight testing of an ADS - B - based miniature 4D sense and avoid system[C]//AIAA - 2011 - 1419. Missouri:AIAA, 2011:1 - 7.

[28] Strain R, DeGarmo M, Moody J. A Lightweight, Low - Cost ADS - B System for UAS Applications[J]. Technical Papers and Presentations, 2007(7):1 - 9.

[29] 何友,王国宏,彭应宁,等.多传感器信息融合及应用[M].北京:电子工业出版社,2007.

[30] 丁鹭飞,陈建春.雷达原理[M].北京:电子工业出版社, 2009:1 - 12.

[31] Kwag Y K, Choi M S, Jung C H. UAV based collision avoidance radar sensor [C]//Geoscience and Remote Sensing Symposium. Korea: IEEE, 2007: 639 - 642.

[32] Achim A, Tsakalides P, Bezeriants A. SAR Image Denoising via Bayesian Wavelet Shrinkage Based on Heavy - Tailed Modeling[J]. Transactions On Geoscience And Remote Sensing , 2003, 41 (8): 1773 - 1784.

[33] Xie H, Pierce L E, Ulaby F T. SAR speckle reduction using wavelet denoising and Markov random field modeling[J]. IEEE Trans. Geosci. Remote Sensing, 2002, 40(10):2196 - 2212.

[34] Lygeros P J, Nilim A, Sastry S. A probabilistic framework for aircraft conflict detection [C]//AIAA Guidance, Navigation and Control Conference. Portland:IEEE, 1999:3734 - 3739.

[35] Prandini M, Hu J, Lygeros J, et al. A probabilistic approach to aircraft conflict detection[J]. IEEE Trans Intelligent Transport System, 2000, 1(4):199 - 220.

[36] Yang L C, Janmes K. Using intent information in probabilistic conflict analysis [C]//AIAA Guidance, Navigation, and Control Conference. Boston:AIAA, 1998:797 - 806.

[37] Blin K, Akian M, IBonnans F, et al. A stochastic conflict detection model revisited[C]// Guidance, Navigation and Control Conference. Denver:AIAA, 2000:14 - 17.

[38] Folton N L. Airspace design: towards a rigorous specification of conflict complexity based oncomputational geometry [J]. The Aeronautical Journal, 1999, 2(3): 584 - 592.

[39] Chiang, Yi - Jen, Klosowski J, et al. Geometric algorithms for conflict detection resolution in air traffic management [C]//36th IEEE Conference on Decision and Control. Californi: IEEE, 1997: 1835 - 1840.

[40] Kuchar J K. Markov Model of Terrain for Evaluation of Ground Proximity Warning System Thresholds [J]. Jouenal Of Guidance, Control, And Dynamics, 2001, 24(3): 428 - 435.

[41] Durand N, Alliot J M, Noailles J. Automatic aircraft conflict resolution using genetic algorithms [C]//Symposium on Applied Computing. Philadelphia: ACM, 1996: 289 - 298.

[42] 刘星,胡明华,董襄宁.遗传算法在飞行冲突解脱中的应用[J].南京航空航天大学学报,2002,4(1):46 - 49.

[43] Durand N, Alliot J M, Medioni F. Neural nets trained by genetic algorithms for collision avoidance [J]. Applied Artificial Intelligence, 2000, 3(13): 205 - 213.

[44] Sigurd K, How J. UAV trajectory design using total field collision avoidance [C]//Proceedings of the AIAA Guidance, Navigation and Control Confenerence. Texas: AIAA, 2003: 1 - 11.

[45] Liu J Y, Guo Z Q, Liu S Y. The simulation of the UAV collision avoidance based on the articial potentialfield method [J]. Advanced Materials Research, 2012(11): 591 - 593.

[46] Ghosh R, Tomlin C. Maneuver design for multiple aircraft conflict resolution [C]//Proceedings of the American Control C onference. Chicago: IEEE, 2000: 672 - 676.

[47] 沈培志,张邦钰,聂奇刚,等.基于蚁群算法的无人机航路规划辅助决策研究[J].四川兵工学报,2015,36(8): 145 - 148.

[48] Fu Y, Ding M, Zhou C. Phase angle - encoded and quantum - behaved particle swarm optimization applied to three - dimensional route planning for UAV [J]. Trans. Syst. ManCybern. IEEE, 2012, 42 (2): 511 - 526.

[49] Park J W, Ohhd, Tahk M J. UAV collision avoidance based on geometric approach [C]//SICE Annual Conference. New York: IEEE, 2008:

2122 - 2126.

[50] Carbone C,Ciniglio U,Corraro F,et al. A novel 3d geometric algorithm for aircraft autonomous collision avoidance[C]//Decision and Control, 2006 45th IEEE Conference on. New York:IEEE,2006:1580 - 1585.

[51] Luongo S,Corraro F,Ciniglio U,et al. A novel 3D analytical algorithm for autonomous collision avoidance considering cylindrical safetu bubble [C]//Aerospace Conference. New York:IEEE,2010:1 - 13.

[52] Han S, Bang H, Yoo C. Proportional navigation - based collision avoidance for uavs[J]. International Journal of Control, 2009, 7(4): 553 - 565.

[53] Smith A L, Harmon F G. UAS collision avoidance algorithm based on an aggregate collision cone approach [J]. Journal of Aerospace Engineering, 2011, 24(4): 463 - 477.

[54] Bilimoria K D. A geometric optimization approach to aircraft conflict resolution [C]//in AIAA Guidance, Navigation, and Control Conference and Exhibit, Denver, Colo.Denver: AIAA,2000:1 - 11.

[55] Dowek G, Geser A, Muñoz C. Tactical conflict detection and resolution in a 3 - D airspace[C]//in 4th USA/Europe Air Traffic Management R&D Seminar, Santa Fe. New Mexico:ACM,2001:1378 - 1395.

[56] 韩崇昭,朱洪艳,段战胜,等.多源信息融合[M].北京:清华大学出版社, 2010:368 - 390.

[57] 吴顺君.雷达信号处理和数据处理技术[M].北京:电子工业出版社, 2008:112 - 165.

[58] 程婷.多传感器数据融合算法研究[D].成都:电子科技大学,2006,1 - 8.

[59] 姜延吉.多传感器数据融合关键技术研究[D].哈尔滨:哈尔滨工程大学, 2010:1 - 6.

[60] 李延尧.基于多传感器数据融合的多目标跟踪技术研究[D].西安:西安电子科技大学,2007:31 - 46.

[61] 宋骊萍.被动多传感器目标跟踪方法研究[D].西安:西安电子科技大学, 2008:9 - 24.

[62] 石章松,刘忠.目标跟踪与数据融合理论及方法[M].北京:国防工业出版社,2010:218 - 296.

[63] 杨万海.多传感器数据融合及应用[M].西安:西安电子科技大学出版社, 2004:1 - 11,76,104 - 126.